Alexander Gehringer

# Werben mit Doppelsinn

## Ambiguierung als Sprachspiel in Anzeigen und Werbespots

disserta
Verlag

**Gehringer, Alexander: Werben mit Doppelsinn: Ambiguierung als Sprachspiel in Anzeigen und Werbespots, Hamburg, disserta Verlag, 2013**

Buch-ISBN: 978-3-95425-194-0
PDF-eBook-ISBN: 978-3-95425-195-7
Druck/Herstellung: disserta Verlag, Hamburg, 2013
Covermotiv: © laurine45 – Fotolia.com

**Bibliografische Information der Deutschen Nationalbibliothek:**
Die Deutsche Nationalbibliothek verzeichnet diese Publikation in der Deutschen Nationalbibliografie; detaillierte bibliografische Daten sind im Internet über http://dnb.d-nb.de abrufbar.

---


Hermannstal 119k, 22119 Hamburg
http://www.disserta-verlag.de, Hamburg 2013
Printed in Germany

# *Vorwort*

Seit meinem Germanistik-Studium gilt mein großes Interesse dem Themenbereich „Modifikation von Phraseologismen". Die Anregung zur vorliegenden Studie, die zu einem wesentlichen Teil einen Aspekt des besagten Themenfeldes aufgreift, kam mir anlässlich eines Gesprächs mit dem Freiburger Linguisten Prof. Dr. Peter Auer.

Mein besonderer Dank geht zunächst an Herrn Prof. Dr. Auer, der mir beim Erstellen des vorliegenden Werks mit vielen hilfreichen Anregungen zur Seite stand und das Erstgutachten innehatte. Weiterhin danke ich Herrn Prof. Dr. Peter Gilles für seine Bereitschaft, das Zweitgutachten zu übernehmen. Danken möchte ich zudem meiner Familie für zahlreiche Hinweise zum empirischen Teil des Werks. Meiner Großmutter, von der ich leider kurz vor Fertigstellung des Manuskripts Abschied nehmen musste, sei dieses Buch gewidmet.

*Alexander Gehringer*

# *Inhalt*

# Teil A: Vorbemerkungen

## 1 Einführung

„Im wahrsten Sinne des Wortes“, „buchstäblich“: Mit diesen metasprachlichen Kommentaren werden im alltäglichen Sprachgebrauch oftmals das „Wörtlichnehmen“ und die „Polysemantisierung“ gekennzeichnet – und damit zwei geläufige Erscheinungsformen eines Phänomens, das sich Ambiguierung nennt. Es stellt ein rhetorisches Verfahren dar, das simultan verschiedene Bedeutungen desselben sprachlichen Ausdrucks im Bewusstsein des Sprachrezipienten aktiviert – und dadurch der betreffenden Äußerung eine belustigende Wirkung verleiht.

Häufiger noch als in der Umgangssprache findet Ambiguierung allerdings in der künstlerischen Textgestaltung statt. Im Gegensatz zum Alltagsjargon erzeugen kreative Textsorten eine sprachliche Mehrdeutigkeit jedoch normalerweise nicht spontan und unreflektiert. Vielmehr stellt sie hier in der Regel ein bewusstes Spiel mit der Sprache dar, das auf kalkulierte Wirkungen und Reaktionen seitens des Rezipienten (d. h. des Hörers oder Lesers) setzt. Unterhaltsamkeit ist hierbei nur einer von vielen möglichen Effekten, wenngleich der wohl offenkundigste.

Neben der Sprache des Kabaretts und des Journalismus macht sich insbesondere der Werbejargon dieses Spiel mit Mehrdeutigkeit zunutze. Der Formen und Funktionen von Ambiguierung speziell innerhalb dieser Textgattung will sich das vorliegende Werk annehmen.

Hierzu ist im theoretischen Teil zunächst darzulegen, wie Mehrdeutigkeit grundsätzlich erzeugt wird. Dabei sollen eingangs die unterschiedlichen syntaktischen Ebenen erläutert werden, auf denen sich Ambiguierung abspielen kann (Kapitel 4, Punkt 4.1). Die möglichen Formen von Ambiguität sind nach Polysemie und offener Referenz (Punkt 4.2) zu unterscheiden. Weiterhin ist darauf einzugehen, ob nur eine oder aber mehrere Bedeutungen eines ambigen Ausdrucks in den jeweiligen Werbekontext passen, ebenso auf die verschiedenen Möglichkeiten der Präsenz einzelner Bedeutungsebenen im Kontext (Punkt 4.3). Ein zentrales Anliegen der theoretischen Betrachtung ist es, der Frage nachzugehen, welche kommunikativen Ziele die Werbung mit dem Sprachspiel der Ambiguierung verfolgt (Kapitel 5). Wie sich Anzeigen- und Fernsehwerbung in ihren Rahmenbedingungen – Technik, Image und Mediennutzung – unterscheiden, wird in Kapitel 6 betrachtet.

Kernziel des empirischen Teils dieser Abhandlung ist es, zu untersuchen, wie die verschiedenen Komponenten einer Werbung – Visual, Text, Produktzusammenhang oder äußere Umstände – die sprachliche Ambiguität beeinflussen. Welche dieser Faktoren im Einzelnen die Mehrdeutigkeit eines Ausdrucks ins Bewusstsein rufen oder auch auflösen können, wird in Kapitel 8 anhand eines Korpus von Beispielen aus Werbeanzeigen und -spots belegt. Weiterhin möchte die empirische Untersuchung in Kapitel 9 auf wichtige sprachliche und rhetorische Techniken eingehen, mit denen Ambiguität in einem Werbetext erzeugt werden kann. Innerhalb der Schlussbetrachtung sollen mögliche Risiken des Spiels mit Mehrdeutigkeit in der Werbesprache thematisiert sowie ein Ausblick auf die zu erwartende Zukunft dieses Phänomens gewagt werden (Kapitel 10).

Angesichts der noch relativ dürftig vorliegenden intermedialen Untersuchungen war es bei der Erstellung des vorliegenden Werks ein Anliegen, medienübergreifend zu arbeiten. So erstreckt sich die empirische Analyse einerseits auf die Anzeigen-, andererseits auch auf die Fernsehwerbung. Das Untersuchungskorpus umfasst zum einen Werbeanzeigen aus der Zeitschrift „Stern“, zum anderen Werbespots aus zwei öffentlich-rechtlichen und drei privaten Fernsehprogrammen: ARD („Das Erste“), ZDF, RTL, Sat.1 und N-TV. Vor dem Hintergrund des Einbeziehens unterschiedlicher Werbemedien soll in der vorliegenden Studie auch auf die durchaus differierenden Rahmenbedingungen in der Anzeigen- und in der Fernsehwerbung eingegangen werden, denen das Spiel mit Ambiguität dort jeweils gegenübersteht (Kapitel 6).

# 2 Terminologie

Zum besseren Verständnis der vorliegenden Abhandlung sind zunächst einige terminologische Festlegungen zu treffen.

Der Begriff der Ambiguierung wird innerhalb des Werks ausschließlich im Sinne des gezielten – d. h. vom Sprachproduzenten intendierten – Erzeugens von (semantischer oder sprachpragmatischer) Mehrdeutigkeit (Ambiguität) verwendet, das den Zweck des Sprachspiels verfolgt. Unter dem Sprachspiel ist dabei (nach Janich 2001: 139; ebd. 146f.) eine spielerische Abweichung von sprachlichen Normen oder von Erwartungen des Sprachrezipienten zu verstehen. Diese Abweichung zielt darauf ab, einen witzigen, überraschenden und irritierenden Effekt herbeizuführen; speziell in der Werbung ist damit die Absicht der Persuasion, d. h. des Überredens und Manipulierens, verbunden. Im Fall der Ambiguierung geschieht dieses Sprachspiel durch einen vom Produzenten gesteuerten Wechsel zwischen verschiedenen Bedeutungsvarianten desselben mehrdeutigen Ausdrucks. Der Begriff „Ausdruck" soll hier als Sammelbezeichnung für jede mono- oder polylexikale Aussage stehen, die mehrdeutig sein kann – vom Einzelwort bis zum syntaktisch vollständigen Satz. Die in manchen Werbungen darüber hinaus stattfindende Auflösung von Mehrdeutigkeit wird – der Terminologie von Bußmann (2002: 169) entsprechend – mit dem Begriff „Disambiguierung" bezeichnet.

Nicht zum Gegenstand der vorliegenden Analyse gehören Mehrdeutigkeiten bzw. Uneindeutigkeiten, die (aller Vermutung nach) vom Werbenden nicht beabsichtigt sind, sondern versehentlich in den Text eingearbeitet wurden und vom Rezipienten nicht als kreativ-humoristisches Sprachspiel, sondern als verständniserschwerende Unklarheit empfunden werden. (Als Beispiel hierfür sei die folgende Textpassage aus einem Fernsehwerbespot für die Zeitschrift „Apotheken Umschau" genannt: *Das ist Gesundheitsberatung aus der Apotheke, der Sie voll vertrauen können.* Der hier verwendete Relativsatz lässt im Unklaren, auf welches Substantiv er sich bezieht – ob also der Rezipient der Gesundheitsberatung oder einer bestimmten Apotheke voll vertrauen kann.)

Ebenfalls keine Berücksichtigung finden formal modifizierte Phraseologismen, d. h. Phraseologismen, in deren Komponentenbestand eingegriffen wird (Burger 2003: 152ff.). Zwar können auch sie eine mehrdeutige Aussage enthalten[1], das Einbeziehen dieser Art von Ambiguierung würde jedoch den Rahmen der vorliegenden Publikation sprengen.[2]

Der Begriff „Lexem" steht in dieser Abhandlung für das Wort im Sinne einer lexikalischen Einheit, die zugleich die kleinste verschiebbare und ersetzbare Einheit des Satzes ist (Bußmann 2002: 400; ebd. 750). Einzellexeme, die nicht mehr als ein freies Morphem besitzen (Bsp. *Schenkel*), werden als „Simplizia" (Singular: „Simplex") bezeichnet. Demgegenüber sind unter „Komposita" Lexeme zu verstehen, die sich aus mehreren freien Morphemen zusammensetzen (Bsp. *Hähnchenschenkel*). (Zur Definition des freien Morphems vgl. Bußmann 2002: 449.)

Das Spiel mit Mehrdeutigkeit – ob in der Werbung oder in anderen Textsorten – findet sowohl auf der Ebene von Lexemen als auch auf der Ebene von Lexemgruppen, d. h. von aus mehreren Lexemen bestehenden Ausdrücken, statt. Unter den Lexemgruppen, die mit Mehrdeutigkeit spielen, nehmen Phraseologismen die zentrale Rolle ein. Der Begriff des Phraseologismus soll im Sinne einer polylexikalen, stabilen und im Sprachgebrauch lexikalisierten Redewendung benutzt werden; Idiomatizität wird dabei nur als fakultatives Kriterium betrachtet. Damit folgt die vorliegende Untersuchung der Definition nach Burger (2003: 14) und Palm (1997: 1ff.; ebd. 110f.).

Übertragene, d. h. nicht wörtlich zu verstehende, Bedeutungen von Simplizia und Komposita werden als „figurativ", solche von Lexemgruppen als „idiomatisch" bezeichnet. Für wendungsinterne (und damit oftmals idiomatische) Bedeutungen von Phraseologismen wird zudem der Terminus „phraseologisch" verwendet. Die unterschiedlichen semantischen Varianten eines Simplex, eines Kompositums oder einer Lexemgruppe werden mit den Begriffen „Bedeutung", „Bedeutungsrichtung", „Bedeutungsvariante", „Deutungsvariante", „Option", „Interpretationsrichtung" oder „Interpretationsmöglichkeit" bezeichnet. Demge-

[1] So kann etwa in dem formal modifizierten Werbeslogan *Morgenstunde hat Kaffee im Munde* (Beispiel nach Bass 2003: 387f.) neben dem realisierten Wortlaut auch der ursprüngliche Phraseologismus „Morgenstunde hat Gold im Munde" mitschwingen – wodurch sich der kombinatorische Schluss ergeben kann, dass Kaffee (und speziell das beworbene Fabrikat) am Morgen so wertvoll wie Gold sein soll.

[2] Einzige Ausnahme bildet der Satz *Ihre Energie-Sorgen möchten wir haben* in Punkt 9.1, Abschnitt g, der eine formale Modifikation des Phraseologismus *Deine Sorgen möchte ich haben!* darstellt. In der Analyse spielen die grammatikalische Veränderung (Anrede-Wechsel vom Singular zum Plural) und die Hinzufügung eines Kompositums („Energie"), die in dieser Werbung vorgenommen wurden, allerdings keine Rolle; es geht ausschließlich um die sprachpragmatische Umdeutung des Satzes.

genüber steht der Begriff „Lesart" für die Bedeutungsebene eines Ausdrucks, die entweder wörtlich oder übertragen sein kann (vgl. hierzu auch Burger 2003: 59).

Die vorliegende Publikation befasst sich ausschließlich mit Wirtschaftswerbung (im Unterschied vor allem zu politischer Werbung), weshalb die Termini „Werbung" und „Reklame" hier gleichbedeutend sind mit „Wirtschaftswerbung". Es werden sowohl die Produkt- als auch die Dienstleistungswerbung in die Analyse einbezogen.

Das untersuchte Datenmaterial setzt sich zusammen aus gedruckter Werbung in Form von Anzeigen, die in Zeitschriftenausgaben erschienen, sowie aus gesendeter Reklame in Form von Werbespots aus dem Fernsehen. Für gedruckte Werbung in Zeitschriften werden die Begriffe „Anzeige", „Anzeigenwerbung/-reklame", „Werbeanzeige", „Inserat" und „Print-Werbung" verwendet, für gesendete Werbung des Fernsehens die Begriffe „Fernsehwerbung/ -reklame" und „(Fernseh-)Werbespot".

Mit dem Begriff „Werbender" soll der Anbieter eines Produkts oder einer Dienstleistung bezeichnet werden. (Die Tatsache, dass im Konsumgüterbereich die Produktion einer Werbeanzeige oder eines Werbespots oftmals in den Händen von Werbefirmen liegt, die insofern die eigentliche Werbehandlung ausführen[3], ist im hiesigen Zusammenhang vernachlässigbar.)

Für die Person, die eine Werbung und somit die darin enthaltene Botschaft wahrnimmt, verwendet die Analyse verallgemeinernd die Bezeichnung „Rezipient", womit der Leser einer Werbeanzeige und der Betrachter eines Fernsehwerbespots terminologisch zusammengefasst werden. Wo es angebracht erscheint, werden Illustrationen in der Werbung – Bilder in Anzeigen und Szenen in Werbespots – ebenfalls begrifflich verallgemeinert; für sie steht der Terminus „Visual". Der Autor greift damit einen Begriff von Balsliemke (2001: 16) auf, der als Sammelbezeichnung für jede bildliche, non-verbale Darstellung in der Werbung dienen soll – ob in Form einer Fotografie, einer Zeichnung oder eines Films.

Mit dem „Produktzusammenhang" bezeichnet das vorliegende Werk einen Bewusstseinsrahmen, der aufgrund der Kenntnis des Rezipienten über die Art eines beworbenen Produkts bzw. einer beworbenen Dienstleistung oder über den Anbieter besteht. Der Begriff bezieht sich folglich sowohl auf Waren- als auch auf Dienstleistungswerbung. Die Faktoren Text, Visual, Produktzusammenhang und ggf. äußere Umstände der Werbung bilden den „Gesamtkontext der Werbung" oder „Werbekontext".

---

[3] Vgl. hierzu z. B. Huth/Pflaum (2005: 64).

# 3 Forschungsstand

Die wesentlichen Abhandlungen, an die diese Publikation anknüpft, lassen sich grob in zwei Kategorien unterteilen: Die erste Gruppe bilden allgemeine, nicht textsortenspezifische Untersuchungen (unter anderem) über das Sprachspiel der Ambiguierung; es handelt sich dabei meist um Grundlagenwerke zur Phraseologie, die sich folglich auf diesen Teilbereich mehrdeutiger Ausdrücke beschränken. Zur zweiten Kategorie gehören spezielle Untersuchungen zur Werbesprache, die (in unterschiedlichem Umfang) auf das Spiel mit Mehrdeutigkeiten speziell in der Werbung eingehen.

## 3.1 Textsortenübergreifende Untersuchungen

Eine wesentliche Teilkategorie der durch Ambiguität semantisch modifizierbaren Ausdrücke bildet die Klasse der Phraseologismen, d. h. der im Sprachbewusstsein lexikalisierten Redewendungen, die polylexikal und kompositorisch stabil sind. Als klassisches Standardwerk zur Phraseologie kann die Untersuchung von Burger/Buhofer/Sialm (1982) betrachtet werden. Sie enthält neben einer eingehenden Definition der Merkmale von Phraseologismen und einer detaillierten Klassifikation der Phraseologismen-Typen auch eine empirische Analyse zum Sprachspiel der Ambiguierung in der Zeitschriftenwerbung. Anhand von Einzelbeispielen werden die Ambiguierungsverfahren der Motivierung (bei Burger/Buhofer/Sialm „Remotivierung" genannt), des Wörtlichnehmens, der Polysemantisierung und der Literalisierung dargestellt. In diesem Zusammenhang geht das Werk auch ansatzweise auf den Text-Bild-Bezug bei ambigen Phraseologismen ein, wobei die Autoren allerdings ihrer Analyse entnehmen, „dass weitaus die meisten Spiele mit Phraseologismen ausschließlich auf der Textebene vollzogen werden" (Burger/Buhofer/Sialm 1982: 96); ein Punkt, an dem das vorliegende Buch zu einem grundlegend anderen Ergebnis kommt. Ein ausführliches Kapitel bei Burger/Buhofer/Sialm widmet sich den sprechaktgebundenen pragmatischen Phraseologismen; des Weiteren wird auf psycholinguistische Aspekte des Rezipierens und Verstehens von Phraseologismen im Allgemeinen eingegangen, wobei jedoch Wirkungen speziell der Ambiguierung kein Thema sind.[4]

[4] Allerdings müssten diese Befunde aufgrund des Alters der Publikation ohnehin fast zwangsläufig als überholt betrachtet werden.

Einen ähnlichen Inhalt weist das aktuellere Grundlagenwerk von Burger zur Phraseologie (2003) auf. Auch hier findet eine eingehende Erläuterung zu den Kriterien von Phraseologismen statt, des Weiteren nimmt Burger eine detaillierte Unterscheidung phraseologischer Klassen vor. Innerhalb des Kapitels „Modifikation" unterscheidet er die formale Modifikation (bei der der Lexem- oder Lexemgruppen-Bestand verändert wird) von der semantischen Variante (bei der Lexeme oder Lexemgruppen eine neue – evtl. zusätzliche – Bedeutung annehmen, ihr formaler Bestand jedoch nicht verändert wird; diese Modifikations-Form entspricht der Ambiguierung). Auch geht er auf die unterschiedlichen Ambiguierungsverfahren der Motivierung, des Wörtlichnehmens, der Polysemantisierung und der Literalisierung ein; leider grenzt er die Motivierung nicht eindeutig von der Polysemantisierung ab (siehe hierzu auch Punkt 4.3.2, Abschnitt ba). Wie in der gesamten Publikation, verwendet Burger auch zur Erläuterung dieser Verfahren nicht Beispiele aus der Werbesprache, sondern nur journalistische und literarische Texte. Die Bedeutung des Spiels mit Mehrdeutigkeit für die Werbung bleibt somit unberücksichtigt.

Palm (1997) nimmt – ähnlich wie Burger – eine detaillierte Definition des Phraseologiebegriffs vor. Innerhalb des Kapitels „Phraseologismen im Text" wird kurz auf das Spiel mit dem Wechsel („Switching") zwischen freier und idiomatischer Bedeutung eines Phraseologismus eingegangen, wobei auch die Bedeutung dieses Spiels für die Werbekommunikation zur Sprache kommt. Ansonsten spricht Palm das Phänomen der Ambiguierung nur noch beiläufig im Rahmen des Kapitels „Modifikationen und Variationen" an, jedoch ausschließlich anhand von Beispielen aus der Literatur.

Speziell mit sprachlichen Abweichungen[5] befasst sich die Abhandlung von Dittgen (1989). Über Werbeschlagzeilen und Werbeslogans hinaus erstreckt sich ihre Analyse auch auf Zeitungsüberschriften, Graffiti-Wandsprüche sowie Buch-, Film- und Schauspiel-Titel. Ambiguierung ist dabei eines der betrachteten Phänomene. Dittgen differenziert die Techniken stark aus, mittels derer Ambiguität geschaffen werden kann: Die Kategorien „Benutzung bestehender Mehrdeutigkeiten" (d. h. Mehrdeutigkeiten, die im Sprachbewusstsein bereits lexikalisiert sind) und „Schaffung neuer Mehrdeutigkeiten" (d. h. Mehrdeutigkeiten, die im Sprachbewusstsein nicht lexikalisiert sind) setzen sich aus insgesamt 13 Unterkategorien zusammen. Daneben befasst sich die Arbeit mit Inkompatibilitäten hinsichtlich der Semantik,

[5] Mit diesem Terminus bezeichnet Dittgen lexikalische, semantische, grammatikalische oder typografische Auffälligkeiten, die vom Sprachproduzenten intendiert sind.

der Grammatik, der Textsorten und des Wissensrahmens, mit semantischen Verdichtungen[6] sowie mit Kombinationstypen dieser Kategorien. Neben polylexikalen ambigen Ausdrücken bezieht Dittgen dabei auch mehrdeutige Einzellexeme ein. Die (durch ihre starke Zergliederung etwas unübersichtlich wirkende) Kategorisierung wird ergänzt durch Erläuterungen zu den Zielen, die der Produzent mit intendierten sprachlichen Abweichungen verfolgt, sowie zu den Verstehensprozessen auf Rezipientenseite. Praktisch keine Berücksichtigung finden Text-Bild-Bezüge.

## 3.2 Werbungsspezifische Untersuchungen

Als Grundlagenwerk für fast alle späteren Untersuchungen zum Thema Werbesprache kann die Publikation von Römer (5. Auflage 1976; Erstauflage 1968) gelten. Sie untersucht typische Phänomene des Werbejargons, vorwiegend anhand von Anzeigen aus den Jahren 1961 bis 1966. Allerdings ist das Werk zum einen aufgrund seines Alters kaum noch auf aktuellem Stand. Zum anderen weist es ein methodisches Defizit auf: Der Bezug des Textes zum Bild in der Werbung bleibt gänzlich unberücksichtigt. Römers Analyse beschränkt sich auf die Anzeigenwerbung, das Medium Fernsehen findet keinen Eingang in die Untersuchung. Bezüglich des Sprachspiels kommt Römer zu dem Ergebnis, dass Wortspiele in der Werbung vorkämen, aber nicht sehr häufig seien (Römer 1976: 197).

Explizit auf Römers Werk baut Baumgart (1992) ihre Untersuchung auf, die sie auch unter demselben Titel („Die Sprache der Anzeigenwerbung“) publiziert. Mithin analysiert auch Baumgart nur Anzeigen, beschränkt jedoch zudem ihr Untersuchungsfeld auf Werbeslogans. Unter dem Aspekt der „rhetorischen Strategie aktueller Slogans“ geht Baumgart auf Funktion und Wirkung wort- und satzbezogener rhetorischer Mittel ein und widmet sich dort auch dem Wortspiel der Ambiguität. Hierbei widerspricht sie auch dem o. g. Befund Römers über die Seltenheit von Wortspielen.[7] Jenseits von (in den 1990er-Jahren) aktuellen Tendenzen werden allgemeine Funktionen von (semantischer und syntaktischer) Vieldeutigkeit für die Persuasion in der Werbung angesprochen. Abschließend geht die Autorin auf die Entwicklung der Marktbedingungen und die daraus erwachsenen Konsequenzen für die Strategie der Werbekommunikation ein.

---

[6] Damit ist etwa das Herstellen eines gemeinsamen Wissensrahmens zwischen zwei Lexemen eines Slogans durch Wörtlichnehmen eines idiomatischen Phraseologismus gemeint.

[7] Nach Baumgarts Ansicht gelangt Römer nur durch eine unzulängliche Falleinordnung zu diesem Ergebnis, das de facto bereits auf die von Römer untersuchte Werbung der 1960er-Jahre nicht zutreffe (Baumgart 1992: 248).

Ebenfalls ausschließlich Werbeanzeigen werden von Sauer (1998) untersucht. Im Mittelpunkt ihrer Analyse stehen sprachpragmatische Aspekte der Werbung im Allgemeinen und des Sprachspiels innerhalb dieser Textgattung. Sauer zeigt eine Vielfalt rhetorischer Sprachspieltypen auf, darunter auch Spiele mit Mehrdeutigkeit und vagem Bezug. Des Weiteren geht sie auf die mit Wort- und Sprachspielen bezweckte Werbewirkung ein. Als Besonderheit widmet Sauer ein eigenes Kapitel den Risiken des Sprachspiels in der Werbung. Dieser keineswegs unwesentliche Aspekt wird ansonsten in der untersuchten Literatur allenfalls beiläufig erwähnt. Keine Rolle spielt in Sauers Publikation der Bezug zwischen Bild und Text in einer Werbung.

Kommunikative Funktionen und Prinzipien der Werbung werden von Sowinski (1998) dargelegt. Der Autor geht detailliert auf die Funktionen einer rätselhaften und mit Wortspielen arbeitenden Werbesprache ein. Als Besonderheit setzt er sich mit Ambiguität auf sprachpragmatischer Ebene auseinander. Auch betrachtet er abschließend die Rolle des Bildes in der Werbung, ohne allerdings auf dessen Funktionen für das Sprachspiel der Ambiguierung näher einzugehen. Sowinski zieht für seine Untersuchung sowohl Print- als auch Fernsehreklame heran, eine Untersuchung der unterschiedlichen Kommunikationsbedingungen beider Medien nimmt er dabei allerdings nicht vor.

Wie die Werke von Römer, Baumgart und Sauer befasst sich auch die Publikation von Balsliemke (2001) nur mit Print-Werbung.[8] Sie berücksichtigt zudem nur Phraseologismen, nicht jedoch ambige Simplizia und Komposita. In Anlehnung an Burger/Buhofer/Sialm (1982) geht Balsliemke auf die Merkmale und die verschiedenen Klassen von Phraseologismen ein. In ihrer empirischen Analyse untersucht sie Modifikationen sowohl auf semantischer als auch auf syntaktischer Ebene. Im Zusammenhang mit der semantischen Modifikation erläutert sie als Ambiguierungsverfahren die Motivierung, das Wörtlichnehmen, die Polysemantisierung und die Literalisierung. Dabei grenzt sie – wie auch Burger (2003) – das Phänomen der Motivierung nicht klar von dem der Polysemantisierung ab (siehe hierzu auch Punkt 4.3.2, Abschnitt ba). Balsliemke nimmt eine stark ausdifferenzierte Betrachtung vor. Die Analyse der einzelnen Modifikationsverfahren ist jeweils gegliedert nach dem Vorkommen modifizierter Phraseologismen in den verschiedenen Textkomponenten der Anzeigen

[8] Balsliemke begründet ihre Beschränkung auf Anzeigen mit der Ansicht, dass „die Mittel zur Durchsetzung kommunikativer Ziele in den verschiedenen Medien unterschiedlich sind und daher die Aufbaumuster und Regularitäten der Gestaltung sowie Funktionsbestimmungen kaum gleichgesetzt werden können“ (Balsliemke 2001: 93). Dieser Einschätzung kann der Autor des vorliegenden Werks in dieser Grundsätzlichkeit nicht zustimmen.

(Schlagzeile, Fließtext, Slogan). Außerdem wird zwischen nicht vorhandenem und vorhandenem Text-Bild-Bezug unterschieden.

Obwohl Janich ihre Publikation (2001) verallgemeinernd „Werbesprache" nennt, begnügt sich auch dieses Werk hauptsächlich mit der Werbeform der Anzeige; die Autorin wagt lediglich einen kurzen Versuch, die gewonnenen Befunde auf die Fernsehreklame zu übertragen. Janich differenziert eingehend die verschiedenen Komponenten eines Werbetextes (Schlagzeile, Fließtext, Slogan, Produktname) und geht auf die möglichen semiotischen Funktionen des Werbebildes ein. Ausführlich behandelt auch Janich die rhetorischen Strategien der Werbesprache. Sie erwähnt darunter auch das Phänomen der Ambiguierung – nicht nur auf Phraseologismen angewandt, sondern auch auf Einzellexeme – sowie der offenen Referenz. Ein umfangreiches Kapitel widmet Janich der Beziehung zwischen Anzeigentext und -bild. Janich stellt es als ein Forschungsdesiderat heraus, die besonderen Möglichkeiten der Fernsehwerbung für das Sprachspiel zu untersuchen (Janich 2001: 156). Dieses Anliegen soll im vorliegenden Werk durch einen Vergleich der Rahmenbedingungen in Anzeigen- und in Fernsehwerbung (Kapitel 6) zumindest ansatzweise aufgegriffen werden.

Bahramnia (2002) richtet ihre Analyse ebenfalls nur auf die Sprache der Anzeigenreklame. Dabei finden die Anzeigen-Komponenten Schlagzeile, Fließtext, Slogan und Visual allesamt Berücksichtigung. Die Autorin stellt diverse für die Werbung charakteristische Merkmale der Lexik, der Syntax und der Rhetorik heraus. Den Schwerpunkt ihrer Betrachtung legt Bahramnia auf das Spiel der Werbung mit Präsuppositionen, die auch bei der Ambiguierung zum Tragen kommen (siehe hierzu auch die Punkte 5.2 sowie 9.1, Abschnitt h, und 9.2 im vorliegenden Buch). Letztere wird allerdings von Bahramnia nur als eines von zahlreichen rhetorischen Mitteln kurz behandelt.

Als eine der wenigen bisher vorliegenden Forschungsarbeiten stellt die Abhandlung von Hemmi (1994) einen intermedialen Vergleich der Werbesprache an: Sie untersucht Werbeanzeigen, Radio- und Fernsehwerbespots und setzt sich hierbei auch mit den grundverschiedenen Rahmenbedingungen der Werbekommunikation auseinander, denen diese drei Medien unterliegen. Weiterhin geht Hemmi auf die Konsumsituation der modernen Gesellschaft und die daraus erwachsenden Erfordernisse für die Werbung ein, ebenso auf die Funktionen des Spiels mit sprachlichen Mehrdeutigkeiten in der Werbung. Im Mittelpunkt ihrer empirischen Analyse, die stark quantifikatorisch ausgerichtet ist, steht allerdings weniger die semantische Modifikation durch Ambiguierung als vielmehr die Häufigkeit bestimmter Phraseologismentypen sowie deren formale Verfremdung. Hemmi bezieht alle Komponenten des Werbetextes mit ein; unberücksichtigt bleiben jedoch auch hier mehrdeutige Lexeme. Auf Grundlagen der Bildwahrnehmung geht Hemmi ein, ebenso anhand einzelner Beispiele auf Bezüge zwischen Bild und Text.

Von zentralem Interesse ist die Rolle des Bildes für die Werbung in der Publikation von Stöckl (1997). Allerdings beschränkt sich auch seine Analyse auf die Anzeigenwerbung. Stöckl erläutert die Hauptfunktionen des Bildes innerhalb der Werbung. In diesem Zusammenhang erstellt er ein Modell des persuasiven Werbeprozesses (siehe Punkt 5.1) und geht auch auf die Funktionen des Bildes für Wortspiele ein. Zur Sprache kommen außerdem mögliche semantische Bild-Text-Beziehungen und Möglichkeiten des Dominanzverhältnisses zwischen Bild und Text.

Den interessanten Aspekt des Spiels mit scheinbar negativen Werbeaussagen untersucht Sabban (1998) in ihrem Aufsatz. Sie geht der Frage nach, welche Zwecke der Werbende mit derartiger Doppelbödigkeit verfolgt und welche spezifischen kommunikativen Voraussetzungen in der Werbung verhindern, dass derartige Spiele tatsächlich negativ aufgefasst werden.

Zusammenfassend bleibt festzuhalten, dass sowohl die Sprache der Anzeigenwerbung als auch die Ambiguierung von Phraseologismen innerhalb dieser Textsorte mittlerweile linguistisch breit erforscht sind – einschließlich der werbekommunikativen Funktionen dieses Sprachspiels. Demgegenüber kommen die Fernsehwerbung sowie intermediale Vergleiche in den meisten Untersuchungen zu kurz, und auch die Berücksichtigung ambiger Lexeme lässt zu wünschen übrig. Letzteres fällt umso mehr ins Gewicht, als die syntaktische Ebene der Simplizia und Komposita beim Spiel mit Mehrdeutigkeit in deutscher Werbung einen breiten Raum einnimmt, wie auch die vorliegende Publikation zeigen wird.

# *Teil B: Theorie*

## 4 Die Technik der Ambiguierung

Neben der Sprache des Kabaretts und des Journalismus macht sich vor allem die Werbesprache – ob in den Print- oder in den elektronischen Medien – die Möglichkeit weitreichend zunutze, mit verschiedenen Bedeutungen eines Lexems oder einer Lexemgruppe zu spielen. In diesem Kapitel ist auf sprachtechnische Grundlagen des Herbeiführens und Auflösens von Mehrdeutigkeit im Allgemeinen und speziell in der Werbung einzugehen. Die Verfahren sollen anhand einiger Beispiele verdeutlicht werden, die allesamt dem Beispielkorpus der für diese Publikation vorgenommenen Untersuchung entstammen.

Dabei sind die (im jeweiligen Zusammenhang relevanten) ambigen Lexeme bzw. Lexemgruppen durch Fettschrift markiert. Die Auslassung von nicht relevanten Textpassagen wird durch das Zeichen [...] angezeigt. In eckige Klammern gesetzt sind zudem ergänzende Hinweise zu Bildinhalten oder zur Art der Präsentation. Weiterhin wird in eckigen Klammern die Art der Textkomponente angegeben; hierbei ist zu unterscheiden zwischen Schlagzeile, Unterzeile, Fließtext und Slogan (vgl. hierzu Janich 2001: 43ff.). Im Anschluss an den jeweiligen Werbetext sind in runden Klammern aufgeführt: der Werbende bzw. das Produkt sowie der Name der Werbequelle – „Stern“, ARD („Das Erste“), ZDF, RTL, Sat.1 oder N-TV; zu polysemen Ausdrücken werden außerdem die im betreffenden Zusammenhang relevanten Bedeutungen erklärt. Diese sind zum Teil den Duden-Bänden 10 (Bedeutungswörterbuch) und 11 (Redewendungen), beide in der Auflage von 2002, entnommen.

Die Werbungen sind – in runden Klammern zu Beginn des jeweiligen Werbetextes – nummeriert und nach dem Medium gekennzeichnet, dem sie entnommen wurden (Anzeigen sind mit A, Werbespots mit S markiert). Alle Anzeigenwerbungen finden sich – nach Nummerierung geordnet – im Anhang des Buchs.

## 4.1 Das Prinzip des Erzeugens von Mehrdeutigkeit

Normalerweise verhalten sich die verschiedenen Bedeutungsvarianten eines mehrdeutigen sprachlichen Ausdrucks disjunktiv zueinander: Durch die Interaktion mit dem jeweiligen Kontext erscheint nur eine Bedeutung als passend (Burger 2003: 60; ebd. 83). In bestimmten Fällen allerdings können durch den Kontext absichtlich mehrere Bedeutungen aktualisiert werden (Janich 2001: 154f.; Burger 2003: 157). Dies ist in zwei Fällen möglich: Zum einen können im Kontext bestimmte Referenzpunkte fehlen, die für eine Vereindeutigung eines ambigen Ausdrucks nötig wären (in diesem Fall passen mehrere Bedeutungen dieses Ausdrucks gleichermaßen in den Zusammenhang). Zum anderen kann der Kontext dem Rezipienten einen Referenzpunkt bieten, der eine neue, unerwartete (und oft im Kontext falsche) Bedeutung eines Ausdrucks evoziert. Oftmals liegen die verschiedenen Bedeutungsvarianten auf unterschiedlichen Bedeutungsebenen, in diesem Fall besitzt der betreffende Ausdruck eine wörtliche und eine übertragene Lesart (Burger 2003: 59).

Erweisen sich im Gesamtkontext mehrere dieser Bedeutungen als korrekt, so wird in der vorliegenden Publikation von „kontextgestützter Ambiguität" gesprochen; ist hingegen nur eine Bedeutung im Zusammenhang passend, so liegt eine „scheinbare Ambiguität" vor. (Zur eingehenden Erläuterung dieser Begriffe siehe auch Punkt 4.3.1.)

Mehrdeutigkeit kann sich auf unterschiedlichen syntaktischen Ebenen abspielen: auf der Ebene des Simplex, des Kompositums ebenso wie auf der Ebene der Lexemgruppe.

**Ambiguierung auf der Ebene eines Ein-Wort-Lexems (Simplex oder Kompositum)**

Simplizia können mehrdeutig sein. Ein Beispiel aus der Arzneimittelwerbung im Fernsehen:

(20/S) *Die einfache **Lösung** gegen Husten.* (Hexal ACC Akut Hustenlöser; ARD 10.01.2006; *Lösung* = 1. „[Weg zur] Beseitigung eines Problems"; 2. „Ablösen eines festsitzenden Gegenstandes"; 3. „Flüssigkeit, in der ein chemischer Stoff gelöst ist")

Komposita können eine einzelne Teilkomponente enthalten, die mehrdeutig ist. Beispiel:

(62/A) *Die **geist**vollste Art, Früchte zu genießen.* (Schladerer Himbeergeist; Stern-Journal 2005/49/13; *Geist* = 1. „Scharfsinn"; 2. „Branntwein")

Darüber hinaus können Komposita eine Doppeldeutigkeit enthalten, die sich aus der Gesamtheit ihrer Komponenten ergibt. Im folgenden Beispiel wird mit der Ambiguität des (konventionell im metaphorischen Sinn aufzufassenden) Wortes *Augenblick* gespielt:

(19/S) *Es ist nur eine kleine Geste. Es ist nur ein Detail. Und manchmal ist es nur ein kleiner **Augenblick.*** [Szene: Verkäuferin blickt am Zuschauer vorbei in Richtung eines Kunden, der außerhalb des Fernsehbildes steht.] *[...] Es sind die kleinen Dinge, die das Gute besonders machen. [...]* (Kaffeehaus Dallmayr; ARD 10.01.2006; *Augenblick* = 1. „Moment“; 2. „Blick mit den Augen“)

Ambiguierungen auf Lexem-Ebene treten in fast allen Wortarten auf. Als wichtigste seien genannt:

**Substantiv:** (19/S) *[...] Und manchmal ist es nur ein kleiner **Augenblick.*** (Dallmayr, siehe oben)

(20/S) *Die einfache **Lösung** gegen Husten.* (Hexal ACC akut Hustenlöser; siehe oben)

**Verb:** (25/S) *Nichts **bewegt** Sie wie ein Citroën.* (Citroën; RTL 13.03.2006; *jemanden bewegen* = 1. „jemanden in einen physischen Bewegungszustand versetzen“; 2. „jemanden emotional vereinnahmen, überwältigen“)

**Adjektiv:** (09/A) *[D]er Peugeot 407 HDI bietet dank seines [...] 1,6-l-HDI-FAP-Triebwerks mit serienmäßigem Rußpartikelfilter ein **ungetrübtes** Fahrvergnügen ohne Feinstaub.* (Peugeot 407; Stern 2005/23/43; *ungetrübt* = 1. „klar, durchsichtig, ohne Sichtbehinderung“; 2. „unbeeinträchtigt“)

**Adverb:** (63/A) ***Einfach** mehr Rente.* (Asstel-Versicherung; Stern 2005/43/3; *einfach* = 1. „mühelos, leicht durchführbar“; 2. „schlichtweg“)

**Präpositionen:** (23/A) *Geschenke, **über** die man spricht.* (Siemens Gigaset Handys; Stern 2005/49/IIIB1; *über* = 1. Präposition zur Bezeichnung eines Gesprächs-, Abhandlungsgegenstandes; 2. Präposition zur Bezeichnung eines [Kommunikations-]Weges)

**Ambiguierung auf Lexemgruppen-Ebene**

Zu dieser Kategorie gehören alle polylexikalen ambigen Ausdrücke, insbesondere Phraseologismen[9] unterhalb der Satzebene (satzgliedwertige Phraseologismen; Begriff nach Burger 2003: 37):

(08/S) *Hanuta. Schmeckt **so gut wie** hausgemacht.* (Ferrero, Hanuta Haselnussschnitte; Sat.1 13.04.2006; *so gut wie* = [phraseologisch] „quasi, fast, sozusagen“)

(24/A) *Fleurop **bringt's.*** (Fleurop Blumenkurier; Stern 2005/19/157; *es bringen* = [phraseologisch] „hervorragend sein“)

(21/S) *Gelenkschmerzen können einen ganz schön **aus dem Rhythmus bringen.*** [Szene: Mann dirigiert eine Band und bekommt dabei plötzlich Rückenschmerzen.] (Dolormin

[9] In dieser Publikation soll der Phraseologie-Begriff weit gefasst werden, d. h. es wird der Definition von „Phraseologismen im weiteren Sinne“ nach Palm (1997: 1ff.; ebd. 110f.) und Burger (2003: 14) entsprochen. Demnach müssen Phraseologismen die Merkmale „Polylexikalität“, „Lexikalisierung“ und „Stabilität“ aufweisen; das Merkmal „Idiomatizität“ soll hier – wie in den genannten Publikationen – hingegen nur als fakultativ betrachtet werden.

GS; ARD 30.01.2006; *jemanden aus dem Rhythmus bringen* = [phraseologisch] „jemanden durcheinanderbringen, jemanden beeinträchtigen“)

In Einzelfällen kann die Ambiguierung auch auf der Ebene eines ganzen Satzes stattfinden. Diese Teilkategorie umfasst insbesondere Lexemgruppen, die mit offener Referenz spielen (siehe Punkt 4.2) oder überraschend auf eine Situation (ggf. einen sprachpragmatischen Kontext) bezogen werden, die nicht dem konventionellen Gebrauch des betreffenden Ausdrucks entspricht:

(37/A) ***Zwei Hüllen schützen besser als eine.*** [Werbeanzeige ist platziert auf Seite 2 einer „Stern“-Ausgabe mit doppelter Einbandhülle.] (BP-Doppelhüllentanker; Stern 2005/45/2; Satz kann sich auf Doppelhüllentanker oder auf den doppelten Zeitschrifteneinband beziehen)

(64/A) [Bild: Grüner Hintergrund; davor Schriftzug:] ***Grüner wird's nicht.*** (Hewlett Packard Farbdrucker; Stern 2005/43/59; Satz ist konventionalisiert als Aufforderung zum Losfahren an einen Autofahrer, der bei grüner Ampel zögert)

(04/A) ***Denken Sie auch mal an was anderes als an Geld?*** – *An Zinsen vielleicht?* (Volkswagen Bank direct; Stern 2005/01/127; Satz ist sprachpragmatisch als ernst gemeinte Frage oder als Vorwurf auffassbar)

## 4.2 Formen der Ambiguität: Polysemie vs. offene Referenz

Die Mehrdeutigkeit eines ambigen Ausdrucks kann zum einen in einer linguistisch ermittelbaren festen Zahl an verschiedenen Bedeutungen dieses Ausdrucks bestehen. Zum anderen kann ein Ausdruck eine derart abstrakte Aussage enthalten, dass er sich auf eine linguistisch nicht bestimmbare Zahl an völlig unterschiedlichen Situationsrahmen beziehen kann; im betreffenden Werbekontext werden dabei – oft durch das Visual – mehrere referenzielle Bezugspunkte geboten bzw. aufrechterhalten, die (mindestens zwei) grundverschiedene Bedeutungen der Aussage evozieren. Der erstgenannte Fall – feste Zahl an Bedeutungsvarianten – liegt vor bei polysemen (oder homonymen[10]) Lexemen oder Lexemgruppen, der zweite Fall bei Formulierungen mit offener Referenz (Begriff nach Janich 2001: 153).

Polysemie ist in zahlreichen der oben genannten Werbebeispiele gegeben, so enthalten etwa die Spots Nr. 20, 21 und 25 einen polysemen Ausdruck: *Lösung*, *jemanden bewegen* und *jemanden aus dem Rhythmus bringen.* Eine offene Referenz liegt demgegenüber zum Beispiel in der folgenden Anzeige vor:

[10] Homonymie soll nachfolgend aufgrund ihrer relativen Seltenheit vernachlässigt werden.

(32/A) [Bild: Mann am Strand zieht einer Frau den Badeanzug aus; Fujifilm-Digitalkamera fotografiert diese Szene.]
[Schlagzeile:] ***Lassen Sie sich nichts entgehen!***
[Unterzeile:] ... *erst recht nicht das verführerische Topmodell: FinePix Z1.* (Fujifilm Digitalkamera; Stern 2005/25/47)

Der Satz *Lassen Sie sich nichts entgehen!* kann sich auf drei Situationen beziehen: auf ein erotisches Abenteuer am Strand, auf das Festhalten dieses Abenteuers mit der Kamera sowie auf die Anschaffung der Kamera. (Durch den Nachsatz wird letztendlich ein Kontext aufgebaut, der nur noch die zweite und die dritte Interpretation zulässt.) Aufgrund seines abstrakten Inhalts kann der Satz als „vage" bezeichnet werden (nach Burger 2003: 78).

Durch die Bezugsmöglichkeit des verwendeten Ausdrucks auf völlig unterschiedliche Situationsrahmen ist das Spiel mit offener Referenz in besonderem Maße dafür geeignet, eine Kontextkombination herbeizuführen (vgl. hierzu Janich 2001: 153 sowie Punkt 4.3.1 im vorliegenden Buch).

## 4.3 Kontextabhängige Eigenschaften ambiger Ausdrücke in der Werbung

Vom Kontext, den eine Werbeanzeige oder ein Werbespot vorgibt, hängen zwei Eigenschaften eines ambigen Ausdrucks ab:

a) die Quantität seiner korrekten Bedeutungen: Hierbei ist entscheidend, ob im Gesamtkontext der jeweiligen Werbung mehrere Bedeutungen des ambigen Ausdrucks möglich sind oder aber aufgrund des Text- oder Produktzusammenhangs nur eine Bedeutung in Betracht kommt. Es ist demnach zu unterscheiden zwischen kontextgestützter und scheinbarer Ambiguität (siehe Punkt 4.3.1).

b) beim Spiel mit wörtlicher und figurativer/idiomatischer Bedeutung die Kompatibilität der Bedeutungsebenen mit dem jeweiligen Kontext: Von ihr hängt ab, welche Bedeutungsebene – die wörtliche oder die übertragene Lesart – aufgrund des Werbekontextes im Vordergrund steht bzw. ob beide Ebenen gleichberechtigt sind. Die Präsenz der einzelnen Bedeutungsebenen ist also kontextgesteuert (siehe Punkt 4.3.2).

### 4.3.1 Kontextgestützte Ambiguität – scheinbare Ambiguität

Es kann grundsätzlich unterschieden werden, ob im Werbekontext mehrere Bedeutungen eines ambigen Ausdrucks möglich sind, oder ob auf die Mehrdeutigkeit eines ambigen Ausdrucks zwar angespielt wird, sich jedoch im Zusammenhang der betreffenden Werbung nur eine Bedeutung als passend erweist. In Anlehnung an Ewald (1998: 332; ebd. 339f.) soll im Folgenden für eine im Kontext tatsächlich aufrechterhaltene Mehrdeutigkeit der Terminus „kontextgestützte Ambiguität" verwendet werden, für eine durch den Kontext nicht aufrechterhaltene Mehrdeutigkeit hingegen der Terminus „scheinbare Ambiguität". (Ewald gebraucht anstatt „kontextgestützt" den Ausdruck „textgestützt". Dieser Begriff ist jedoch nach Ansicht des Autors der vorliegenden Publikation nicht exakt, da er nur den Text, nicht aber den Produktzusammenhang berücksichtigt; dabei kann letzterer – wie im Verlaufe dieser Abhandlung gezeigt wird – in Einzelfällen eine Ambiguität auflösen, also nicht mehr stützen, die durch den Text noch gedeckt wird.)

Bei einer kontextgestützten Ambiguität sind mit dem Text- und Produktzusammenhang mehrere der nahegelegten Bedeutungen kompatibel. So können etwa in den folgenden Slogan der Schuhhauskette Deichmann mehrere im Werbekontext gültige Aussagen interpretiert werden:

(07/S) *Gutes **Geschäft.** Deichmann.* (Deichmann Schuhe; RTL 18.03.2006)

Sowohl die Interpretationsmöglichkeit „Deichmann ist eine gute Schuhhandlung" als auch die Option „Wer bei Deichmann kauft, macht ein gewinnbringendes finanzielles Geschäft" ergeben für ein Handelsunternehmen einen Sinn. Oftmals ist bei kontextgestützter Ambiguität beabsichtigt, dass der Rezipient zwischen beiden Bedeutungsvarianten einen Sinnzusammenhang in der Art eines Syllogismus aufbaut. Im vorliegenden Fall kann er dabei die genannten Interpretationen zu der Aussage koppeln: „Wer bei Deichmann kauft, macht ein gewinnbringendes finanzielles Geschäft, weil Deichmann eine gute Schuhhandlung ist."

Bei nur scheinbarer Ambiguität wird dem Rezipienten hingegen (meist bereits zu Beginn des Werbetextes) neben der passenden eine irreführende Bedeutung des ambigen Ausdrucks präsentiert; im Verlauf des Rezipierens muss er diese Irreführung erkennen, indem er die falsche Bedeutungsvariante als mit dem Text- oder Produktzusammenhang nicht kompatibel identifiziert (Ewald 1998: 347). Eine scheinbare Ambiguität liegt zum Beispiel in folgendem

Werbetext des Anlegermagazins „Börse Online“ vor:

(12/A) [Bild: Schneewanderer beim Bergaufstieg.]
[Fließtext:] *[...] Sichern Sie sich Ihren **Aufstieg.** BÖRSE ONLINE ist die Nummer eins unter Deutschlands Anlegermagazinen. Lesen Sie jetzt, wie es für Ihre Anlagen hoch hinausgeht. [...]* (Börse Online; Stern 2005/19/135; *Aufstieg* = 1. [wörtlich] „Aufwärtssteigen“; 2. [figurativ] „finanzielle Aufwärtsentwicklung oder berufliche Verbesserung“)

Zwar ist die Bezeichnung *Aufstieg* grundsätzlich polysem und wird auf dem zugehörigen Bild in der wörtlichen Lesart dargestellt. Aufgrund des Werbekontextes stellt sie sich im vorliegenden Fall jedoch als nur im übertragenen Sinn korrekt heraus.

Eine scheinbare Ambiguität vollzieht oftmals eine Kontextkombination (Janich 2001: 153): Hierbei erweist sich ein nahegelegter referenzieller Bezugsrahmen als inkompatibel mit der im Kontext tatsächlich korrekten Bedeutung – und somit als irreführend. (Im o. g. Beispiel etwa steht der eröffnete Bezugsrahmen „Bergwandern“ semantisch in keiner Verbindung mit dem Bezugsrahmen „Börse“.)

Neben der kontextgestützten Ambiguität wird sich die vorliegende Untersuchung auch mit scheinbarer Ambiguität befassen. Gerade die Erkenntnis, dass in den Werbekontext eine zunächst nahegelegte Bedeutung nicht passt, macht dem Rezipienten die generelle Mehrdeutigkeit eines Ausdrucks in besonderem Maße bewusst. Die damit verbundene Irreführung erzeugt nach Ansicht des Autors einen extremen Irritations- und Überraschungseffekt, der die Aufmerksamkeit des Rezipienten zu erregen vermag. Zudem ist hier auch von einem stärkeren gedanklichen Reflektieren auszugehen als bei der kontextgestützten Ambiguität, da der Rezipient zunächst (erfolglos) versuchen wird, dennoch sämtliche verschiedenen Bedeutungen mit dem Gesamtkontext in Einklang zu bringen. Dadurch und durch den unterhaltsamen Effekt, der durch das oftmals groteske Verbinden zweier (im betreffenden Kontext) inkompatibler Bedeutungen desselben Ausdrucks entsteht, kann eine Werbung zugleich besonders einprägsam wirken. Es ist somit zu vermuten, dass die nur scheinbare Ambiguität zahlreiche Funktionen des Sprachspiels in der Werbung (siehe Punkt 5.3) sogar besser erfüllt als die kontextgestützte Ambiguität – und deshalb noch wirksamer als diese ist.

### 4.3.2 Kontextgesteuerte Präsenz der einzelnen Bedeutungsebenen

Im Fall von Polysemie kann unterschieden werden, ob die verschiedenen Bedeutungen des ambigen Ausdrucks allesamt auf derselben Bedeutungsebene (z. B. der wörtlichen Ebene) angesiedelt sind, oder ob sich die Bedeutungen auf verschiedene Bedeutungsebenen (die wörtliche und die figurative bzw. idiomatische Ebene) erstrecken.

#### a) Ambiguität unter Verbleib auf der gleichen Bedeutungsebene

In diesem Fall liegen sämtliche Bedeutungsvarianten eines polysemen Ausdrucks auf derselben – in der Regel auf der wörtlichen – Bedeutungsebene. Der Kontext bewirkt somit kein Switching zwischen einer als wörtlich und einer als übertragen zu betrachtenden Ebene. Diese Kategorie besteht im Wesentlichen aus einzelnen Lexemen, da ambige Lexemgruppen – z. B. Phraseologismen – meist (mindestens) eine wörtliche und (mindestens) eine übertragene Bedeutung besitzen. Die folgenden Werbungen spielen mit verschiedenen wörtlichen Bedeutungen von *Zug*, *Programm* und *nicht verlieren können*.

(29/A) [Bilder: Rudermannschaft beim Rudern; Scherblatt eines Rasierapparates; Rasierapparat in Ganzaufnahme.]
[Schlagzeile:] *Jeder **Zug** zählt.*
[Fließtext:] *[...] Sie wünschen sich eine gründliche Rasur. Und je weniger Züge Sie dafür benötigen, desto besser. [...]* (Philips Smart Touch-XL Rasierer; Stern 2005/47/173; *Zug* = 1. „ziehende Bewegung mit dem Ruder“; 2. „ziehende Bewegung mit dem Rasierer“)

(26/A) [Bilder: Bundeskanzler Gerhard Schröder und CDU-Oppositionsführerin Angela Merkel am Rednerpult.]
[Schlagzeile oben:] *Nummer eins wird man nur mit dem richtigen **Programm.***
[Schlagzeile unten:] *Die Bundestagswahl live. Am 18.9. ab 17 Uhr auf N24.* (N24; Stern 2005/37/168; *Programm* = 1. „Parteiprogramm, politisches Programm“; 2. „Programmablauf eines Fernsehsenders“, 3. „Fernsehsender“)

(39/A) [Schlagzeile:] *Unser Handicap: Wir **können** einfach **nicht verlieren.***
[Fließtext:] *Die DWS ist zum 11. Mal in Folge Deutschlands beste Fondsgesellschaft. Dies ist das Ergebnis von Standard & Poor's, die 62 in- und ausländische Fondsgesellschaften bewertet hat. [...]* (DWS Fonds; Stern 2005/13/93; *nicht verlieren können* = 1. „Niederlagen nicht verkraften“, 2. „über die Gefahr einer Niederlage erhaben sein“)

#### b) Ambiguität zwischen verschiedenen Bedeutungsebenen

Bei ambigen Ausdrücken, die (mindestens) eine wörtliche und (mindestens) eine übertragene Bedeutung besitzen, kann unterschieden werden, welche der Bedeutungsebenen im Kontext der jeweiligen Werbung dominiert. Nach Burger (2003: 157ff.)[11] und Balsliemke (2001: 75ff.; ebd. 222ff.) sind hierbei zu unterscheiden: ba) Motivierung, bb) Wörtlichnehmen, bc) Polysemantisierung, bd) Literalisierung. Burger und Balsliemke wenden all diese Begriffe ausschließlich auf Phraseologismen an, also auf polylexikale Ausdrücke. Wie in vorliegender Analyse gezeigt wird, sind jedoch Motivierung, Wörtlichnehmen und Polysemantisierung auch bei bestimmten Simplizia und Komposita anzutreffen, nämlich bei solchen, die (neben ihrem wörtlichen) einen figurativen (übertragenen) Sinn haben.

**ba) Motivierung[12]**

Motivierung soll an dieser Stelle dahingehend definiert werden, dass ein idiomatischer Phraseologismus bzw. ein figuratives Lexem im betreffenden Werbekontext ausschließlich in seiner übertragenen Lesart gültig ist, der Text- bzw. Produktzusammenhang oder der Zusammenhang zwischen Text und Visual daneben jedoch die wörtliche Lesart ins Bewusstsein ruft. Dies geschieht etwa, indem das Visual die wörtliche Lesart des Ausdrucks darstellt, obwohl aufgrund des Text- oder Produktzusammenhangs nur die übertragene Lesart zutreffen kann (Remetapher).

Ein Beispiel für eine Motivierung nach dieser Definition ist die oben angesprochene ambige Textpassage des Anlegermagazins „Börse Online“:

(12/A) [Bild: Schneewanderer beim Bergaufstieg.]
[Fließtext:] *Sichern Sie sich Ihren* ***Aufstieg.*** *BÖRSE ONLINE ist die Nummer eins unter Deutschlands Anlegermagazinen. Lesen Sie jetzt, wie es für Ihre Anlagen* ***hoch hinausgeht.*** *[...]* (Börse Online; siehe oben)

*Aufstieg* ist mit dem Text- und Produktzusammenhang ausschließlich in übertragener Lesart kompatibel (die werbende Firma ist Herausgeber eines Anlegermagazins, nicht jedoch ein Unternehmen für Bergtourismus oder Bergsteigerbedarf; dies geht auch aus dem Text klar hervor). Die wörtliche Lesart wird lediglich durch das Visual aktiviert (und durch den Phraseologismus *hoch hinausgehen* nochmals in Erinnerung gerufen), hat jedoch für die Werbeaussage keine Gültigkeit.

---

[11] Burger (2003) verwendet nicht explizit die im Folgenden genannten Begriffe „Motivierung“, „Wörtlichnehmen“ und „Polysemantisierung“, sondern spricht nur von „Typ I“, „Typ II“ und „Typ III“ (Burger 2003: 158ff.). Die von ihm angeführten Beispiele entsprechen aber der Klassifizierung zwischen (Re-)Motivierung (Typ I), Wörtlichnehmen (Typ II) und Polysemantisierung (Typ III), wie sie Burger/Buhofer/Sialm (1982: 29) sowie Balsliemke (2001: 75ff.; ebd. 222ff.) vornehmen.

[12] Von Burger/Buhofer/Sialm wurde dieses Phänomen anfänglich „Remotivierung“ genannt (Burger/Buhofer/Sialm 1982: 29). In späteren Werken revidiert Burger diese Bezeichnung mit der Begründung, dass es hierbei nicht um das Rückführen einer übertragenen zur wörtlichen Bedeutung gehe, sondern um das zusätzliche Aktivieren der wörtlichen Bedeutung (Burger 2003: 68).

Irritierenderweise wird der Begriff der Motivierung in der Fachliteratur nicht trennscharf verwendet: Burger (2003: 158) betrachtet als „Motivierung“ sowohl den Fall, dass im Kontext nur die übertragene Lesart letztendlich zutrifft, als auch den Fall, dass neben einer (dominanten) übertragenen auch die wörtliche Lesart sekundär mitgemeint sein kann.[13] Balsliemke schließlich beschreibt innerhalb derselben Publikation den Begriff der Motivierung einmal im Sinne, in dem ihn auch die vorliegende Publikation verwendet (Balsliemke 2001: 234; ebd. 260).[14] An anderer Stelle jedoch definiert sie die Bezeichnung gemäß Burger.[15] Durch diese terminologischen Vermischungen und Unklarheiten wird die Grenze zur Polysemantisierung undeutlich. Um Eindeutigkeit zu schaffen, wurde daher in der vorliegenden Publikation für den Begriff „Motivierung“ die eingangs erwähnte Definition gewählt. Alle Fälle, in denen mehrere Bedeutungsebenen mit dem Kontext kompatibel sind – unabhängig von der jeweiligen Dominanz der einzelnen Ebenen –, werden hier demnach zur Polysemantisierung (siehe Abschnitt bc) gerechnet.

**bb) Wörtlichnehmen**

Beim Wörtlichnehmen wird ein Lexem mit figurativer bzw. ein Phraseologismus mit idiomatischer Bedeutung – oft überraschend – in seiner wörtlichen Lesart verwendet. Dadurch, dass der Phraseologismus bzw. in bestimmten Fällen das Lexem beim Rezipienten primär in einer übertragenen Lesart lexikalisiert ist, wird diese automatisch mitaktualisiert; der Rezipient ist demnach „gezwungen“, den Ausdruck auch in der übertragenen Bedeutung zu verstehen (Burger 2003: 99; ebd. 159[16]). Falls der Gesamtzusammenhang der betreffenden Werbung nicht im Voraus bereits auf eine wörtliche Lesart hindeutet, realisiert der Rezipient den

---

[13] Letzteres wäre etwa der Fall in der unter Punkt 4.1 angesprochenen Arzneimittelwerbung mit dem Satz *Gelenkschmerzen können einen ganz schön aus dem Rhythmus bringen*: Das Szenenbild realisiert durch einen dirigierenden älteren Mann die wörtliche Lesart des Phraseologismus *jemanden aus dem Rhythmus bringen*. Diese Bedeutungsvariante ist – neben der phraseologischen Lesart – im Zusammenhang mit Gelenkschmerzen tatsächlich vorstellbar, allerdings nur in einer sehr speziellen Situation (nämlich im Falle, dass tatsächlich ein Musiker oder Orchesterleiter bei seiner Tätigkeit durch Gelenkschmerzen beeinträchtigt wird). Insofern kann behauptet werden, dass hier die phraseologische Lesart im Vordergrund steht und die wörtliche Lesart sekundär mitgemeint ist. Nach Ansicht des Autors sollte ein solcher Fall jedoch der definitorischen Eindeutigkeit zuliebe nicht als Motivierung, sondern als Polysemantisierung aufgefasst werden (siehe hierzu Abschnitt bc).

[14] „Bei der Motivierung wird nur auf die wörtliche Bedeutung angespielt, während im Kontext die phraseologische erhalten bleibt“ (Balsliemke 2001: 234); indirekt stützt Balsliemke diese Definition außerdem folgendermaßen: „[D]as Wortspiel [wird] am Ende gemäß der Intention des Werbenden eingeschränkt und aufgelöst. Eine Ausnahme bildet die Modifikation der Polysemantisierung, bei der eine Entscheidung für eine Bedeutung des Phraseologismus nicht getroffen werden kann, sondern beide aktiviert bleiben“ (Balsliemke 2001: 260).

[15] „Obwohl eine phraseologische Wortverbindung durch die Motivierung modifiziert ist, wird sie dennoch im Kontext *zugleich* phraseologisch gemeint“ (Balsliemke 2001: 76); „[D]ie wörtliche Bedeutung [schwingt mit], aber die phraseologische ist *hauptsächlich* gemeint“ (Balsliemke 2001: 256, Hervorhebungen durch den Verfasser).

[16] Burger bezieht dies allerdings nur auf Phraseologismen, nicht auf (aus nur einem Wort bestehende) Lexeme.

Ausdruck oftmals vermutlich zunächst sogar nur in der übertragenen Bedeutung, erst durch den weiteren Textverlauf bzw. den Gesamtkontext der Werbung wird in diesem Fall die wörtliche Ebene bewusst gemacht („idiomatic processing model"; vgl. Hemmi 1994: 48; Burger 2003: 24 sowie Punkt 8.2.4 im vorliegenden Buch).

Ein Beispiel für das Wörtlichnehmen ist die folgende Schlagzeile einer Werbung für Solarstromtechnik:

(17/A) [Bild: scheinende Sonne.] *Strom* ***aus heiterem Himmel.*** (Sharp Solar; Stern 2005/11/195; *aus heiterem Himmel* = [phraseologisch] „plötzlich, unerwartet")

Der Phraseologismus *aus heiterem Himmel* ist in diesem Fall nur wörtlich interpretierbar; die übertragene Lesart „plötzlich, unerwartet" wäre für die Werbeaussage geradezu irreführend: Schließlich soll die beworbene Solaranlage den Strom nicht nur in quasi unberechenbaren Phasen liefern, sondern eine konstante, kontinuierliche Stromversorgung gewährleisten.

**bc) Polysemantisierung**

Die Polysemantisierung verwendet ein figuratives Lexem bzw. einen idiomatischen Phraseologismus auf zwei Bedeutungsebenen zugleich: Sowohl die wörtliche als auch die übertragene Lesart sind im Werbekontext zutreffend (Burger/Buhofer/Sialm 1982: 94ff.; Burger 2003: 160f.; Balsliemke 2001: 226). Polysemantisierung liegt beispielsweise vor in dem bekannten Slogan der „Frankfurter Allgemeinen Zeitung":

(27/A) [Slogan:] ***Dahinter steckt*** *immer ein kluger Kopf.* (Frankfurter Allgemeine Zeitung; Stern 2005/03/44f.)

*Hinter etwas stecken* besitzt neben der wörtlichen Bedeutung „sich räumlich hinter etwas befinden" die übertragene Lesart „Urheber von etwas sein". Im vorliegenden Beispiel sind beide Bedeutungsebenen durch den Produktzusammenhang quasi gleichermaßen gedeckt: Der Slogan ist sowohl dahingehend interpretierbar, dass die Leser der beworbenen Zeitung (die ihren Kopf beim Lesen hinter diese Zeitung „stecken") kluge Menschen seien (dies ist die wörtliche Interpretation), als auch dahingehend, dass der Herausgeber des Produkts klug sei (dies ist die übertragene Lesart). Etwas anders sieht die Präsenz der Bedeutungsebenen in dem bereits erwähnten Werbespot für ein Mittel gegen Gelenkschmerzen aus:

(21/S) *Gelenkschmerzen können einen ganz schön* ***aus dem Rhythmus bringen.*** [Szene: Mann dirigiert eine Band und bekommt dabei plötzlich Schmerzen.] (Dolormin GS; ARD 30.01.2006; *jemanden aus dem Rhythmus bringen* = [phraseologisch] „jemanden durcheinanderbringen, jemanden beeinträchtigen")

Grundsätzlich können hier zwar beide Bedeutungsebenen mit dem Produktzusammenhang kompatibel sein; denn die wörtliche Lesart von *jemanden aus dem Rhythmus bringen* ist (neben der phraseologischen) im Zusammenhang mit Gelenkschmerzen durchaus vorstellbar. Dies allerdings nur in einer sehr speziellen Situation: nämlich im Falle, dass tatsächlich ein Musiker oder Orchesterleiter durch solche Schmerzen in seiner Tätigkeit beeinträchtigt wird. Insofern steht hier die (unabhängig von der Situation gültige) phraseologische Lesart im Vordergrund, während die wörtliche lediglich sekundär mitgemeint ist.

**bd) Literalisierung**

Das Phänomen der Literalisierung tritt nur bei Phraseologismen, nicht bei figurativen Lexemen auf. Die Literalisierung wird von Burger/Buhofer/Sialm (1982: 29) und Balsliemke (2001: 75; ebd. 222ff.) als eigene Kategorie neben die drei vorgenannten Klassen gestellt. Nach Ansicht des Autors der vorliegenden Publikation handelt es sich bei der Literalisierung jedoch lediglich um eine Sonderkategorie der Polysemantisierung oder des Wörtlichnehmens, bei der die Etymologie einer Phraseologismus-Komponente eine Rolle spielt: Der Phraseologismus wird in der betreffenden Werbung wörtlich verwendet, wobei jedoch eine polyseme Komponente des Ausdrucks eine Bedeutung annimmt, die von der derivationellen Basis des Phraseologismus abweicht (Burger/Buhofer/Sialm 1982: 29; Balsliemke 2001: 75). Dies geschieht im folgenden Beispiel:

(28/A,S) *Neu: Bertolli La Bruscetteria. Der ganze Geschmack Italiens* ***mit einem Streich.*** *[...]* [Bild/Szene: Aufstrich wird aufs Brot aufgetragen.] (Bertolli La Bruscetteria; RTL 09.01.2006; Stern 2005/35/4)

Diese Werbung verwendet den Phraseologismus *mit einem Streich* nicht nur in seiner wendungsinternen (phraseologischen), sondern zugleich in einer wendungsexternen (wörtlichen) Bedeutung, in der *Streich* als Substantiv zum Verb *streichen* = „mit glättender Bewegung auftragen" aufgefasst wird. (Zu den Begriffen „wendungsintern" und „wendungsextern" vgl. Hemmi 1994: 40.) Letztere Variante wird durch den Text- und Produktzusammenhang – die Werbung handelt von einem Brotaufstrich – gestützt, außerdem durch das Szenenbild, in dem das beworbene Lebensmittel auf ein Brot gestrichen wird. (Die wendungsexterne Bedeutung dürfte mithin dominant sein.) Jedoch liegt dem Substantiv *Streich* als Bestandteil des Phraseologismus ursprünglich eine andere wörtliche Bedeutung zugrunde: Die Redewendung greift den Begriff als (heute veralteten) Ausdruck für „Schlag, (Fecht-)Hieb" auf (Röhrich 2001: 1568; Duden Redewendungen 2002: 740).

Hinsichtlich der Zahl der mit dem jeweiligen Kontext kompatiblen Bedeutungen ist festzuhalten, dass – nach der hier vorgenommenen Definition – Motivierung und Wörtlichnehmen normalerweise bei scheinbarer Ambiguität auftreten (bei der nur eine der Bedeutungen mit dem Zusammenhang vereinbar ist), Polysemantisierung hingegen bei kontextgestützter Ambiguität (bei der der Zusammenhang mehrere Bedeutungen zulässt). Literalisierung kann in beiden Fällen stattfinden, da sie eine Sonderform sowohl des Wörtlichnehmens als auch der Polysemantisierung ist.

# 5 Motive für die Verwendung von Mehrdeutigkeit speziell in der Werbesprache

In diesem Kapitel soll der Frage nachgegangen werden, welche spezifischen Interessen die Werbung, und speziell die Werbung der heutigen Zeit, mit dem Sprachspiel der Ambiguierung verfolgt. Hierfür ist zunächst auf elementare Funktionen der Textsorte Werbung einzugehen (Punkt 5.1), anschließend werden grundlegende Bewusstseinsprozesse beim Verarbeiten von Ambiguität in der Werbung erläutert (Punkt 5.2). Aus diesen beiden Aspekten ist der Zweck des Spiels mit Mehrdeutigkeiten speziell in der Werbesprache zu folgern (Punkt 5.3). Zudem soll geklärt werden, warum Sprachspiele wie die Ambiguierung weitaus häufiger in der heutigen Reklame genutzt werden als etwa noch in der Mitte des vorigen Jahrhunderts (Punkt 5.4).

## 5.1 Funktionen von Werbung und Werbesprache

### 5.1.1 Funktionen von Werbung

Generell kann Werbung als eine persuasive Information definiert werden, die den Rezipienten auf ein Produkt oder eine Dienstleistung aufmerksam machen soll. Letztendlich hat sie zum Ziel, sein Verhalten dahingehend zu beeinflussen, dass er dieses Produkt kauft (bzw. die Dienstleistung in Anspruch nimmt) oder zumindest weiterempfiehlt (Spang 1987: 63; Dittgen 1989: 37; Hemmi 1994: 25). Für den Fall, dass der Rezipient nicht bereits einen rationalen Bedarf an der beworbenen Ware bzw. Dienstleistung besitzt oder zumindest ein emotionales Bedürfnis danach verspürt, obliegt es der Werbung, dies durch rationale Argumente oder emotionale Appelle hervorzurufen. Die amerikanische Wissenschaft folgert aus diesen Aufgaben die „AIDA-Regel“ für die Funktion von Werbebotschaften; diese Regel fasst die Postulate „Attention“ (Aufmerksamkeit), „Interest“ (Interesse), „Desire“ (Bedürfnis) und „Action“ (Konsumhandlung) zusammen (Hegedüs-Lambert 1995: 220; Baumgart 1992: 41; Bahramnia 2002: 69).

### 5.1.2 Funktionen der Werbesprache

Für die Sprache der Werbung ist es zentrale Aufgabe, die Anliegen „Attention“ und „Interest“ (siehe Punkt 5.1.1) zu realisieren; darüber hinaus soll sie eine Grundlage für die beiden anderen Postulate schaffen. Zum Erreichen dieser Ziele kommen der Werbesprache insgesamt sieben kommunikative Funktionen zu:

1.) Die Werbesprache soll die Aufmerksamkeit des Rezipienten und Konsumenten erregen und sein Interesse an der Werbekommunikation wecken („Attention"- und „Interest"-Funktion; Stöckl 1997: 71f.; Janich 2001: 85).

2.) Sie muss die Werbebotschaft verständlich machen, vor allem in deren Intention („Comprehend"-Funktion; Stöckl 1997: 72; Janich 2001: 85).

3.) Die Werbesprache muss sicherstellen, dass die Werbebotschaft vom Rezipienten und Konsumenten akzeptiert wird („Yield"-Funktion). Hierzu muss die Botschaft glaubwürdig und akzeptabel wirken (Stöckl 1997: 72f.).

4.) Die Werbesprache muss die Erinnerung an Botschaft und Text der Werbung erleichtern und verstärken („Memorise"-Funktion; Stöckl 1997: 73). Langfristig soll der verwendete Sprachstil ein Produkt-Image aufbauen und verfestigen (Janich 2001: 85).

5.) Die Werbesprache muss Vorstellungen aktivieren („Imagine"-Funktion; Stöckl 1997: 75).

6.) Die Werbesprache will darüber hinaus von der persuasiven Absicht der Werbung ablenken und diese somit verschleiern („Distract"-Funktion), um die Akzeptanz seitens des Rezipienten zu erhöhen. Hiermit bezweckt die Werbung, die Abneigung des Rezipienten gegen persuasive Appelle zu schwächen und (im Optimalfall) zu überwinden (Stöckl 1997: 75; Janich 2001: 85).

7.) Darüber hinaus soll Werbung durch ihre Sprache insgesamt attraktiv wirken („Please"-Funktion): Die Rezeption von Werbung soll intellektuelles Vergnügen und Unterhaltung einschließen (Stöckl 1997: 75).

Ein humoristischer Sprachstil von Werbebotschaften, und speziell das Spiel mit sprachlicher Mehrdeutigkeit, setzt an mehreren dieser Funktionen an: Neben der „Attention"- und „Interest"-Funktion sind dies die „Memorise"-Funktion, die „Distract"-Funktion, die „Yield"-Funktion und vor allem die „Please"-Funktion. Auf welche Weise das Sprachspiel der Ambiguierung diesen Anliegen im Einzelnen nachkommt, wird unter Punkt 5.3 dargelegt. Zuvor soll darauf eingegangen werden, welche Grundbedingungen in der Kommunikation zwischen Sprachproduzent und Rezipient dafür ausschlaggebend sind, dass das Spiel mit Mehrdeutigkeit seine Wirkung erzielt.

## 5.2 Grundbedingungen für ein erfolgreiches Spiel mit Ambiguität in der Werbung

Die Wirksamkeit des Spiels mit sprachlichen Mehrdeutigkeiten in Werbetexten gründet sich auf ein besonderes Bewusstsein des Rezipienten beim Wahrnehmen der Textsorte Werbung.

Generell wird durch das Sprachspiel der Ambiguierung und durch die damit verbundene Irritation das Grice'sche Kommunikationsprinzip der Kooperation teilweise durchbrochen (Dittgen 1989: 30). Dieses Prinzip verlangt vom Produzenten eines Kommunikationsbeitrags[17] (im Falle der Werbung ist dies der Werbende), seinen Beitrag nach folgenden Maximen zu gestalten (Grice 1975: 44f.):

1.) Ein Kommunikationsbeitrag soll so informativ wie nötig und nicht informativer als nötig sein (Maxime der Quantität).

2.) Ein Kommunikationsbeitrag soll wahr sein und nichts enthalten, wofür angemessene Gründe fehlen (Maxime der Qualität).

3.) Ein Kommunikationsbeitrag soll relevant sein (Maxime der Angemessenheit).

4.) Ein Kommunikationsbeitrag soll klar sein: Unklare Ausdrücke und Mehrdeutigkeiten sollen vermieden werden, der Kommunikator soll sich kurz ausdrücken und seine Aussagen geordnet vorbringen (Maxime der Modalität).

Sprachspiele – und speziell das Spiel der Ambiguierung – verletzen die Maxime der Modalität, und hier die Forderung nach dem Vermeiden von Vagheit und von Mehrdeutigkeit (Dittgen 1989: 87; ebd. 30).

In der Alltagssprache ist für den Erfolg sprachlichen Handelns entscheidend, dass die Maxime der Modalität eingehalten wird (Sauer 1998: 91); ein Verstoß kann dazu führen, dass die Kommunikation vom Rezipienten vorzeitig abgebrochen wird oder aufgrund von Missverständnissen fehlschlägt. Unter speziellen Kommunikationsbedingungen, wie sie in der Textsorte Werbung vorliegen, ist dieses Risiko hingegen nicht gegeben. Vielmehr geht der Rezipient hier von zwei Präsuppositionen aus. Er ist sich zum einen bewusst, dass der Werbende ein besonderes Interesse daran besitzt, sich klar und unmissverständlich auszudrücken, und zugleich in besonderem Maße hierzu fähig ist. Des Weiteren ist sich der erfahrene

[17] Grice beschreibt das Prinzip nur für gesprochene Konversation (wie an den Formulierungen deutlich wird, die mit „Do not say ..." eingeleitet werden). Es lässt sich nach Ansicht des Autors der vorliegenden Abhandlung jedoch auf schriftliche Kommunikation (wie sie etwa in der Print-Werbung stattfindet) ebenso anwenden.

Rezipient bewusst, dass die Sprache der Werbung üblicherweise ein hohes Potenzial an Überraschungen und Humor bietet (Bahramnia 2002: 233; ebd. 239). Diese Präsuppositionen haben zur Folge, dass (vordergründige) Unklarheiten eines Ausdrucks nicht als sprachliche Fehlleistung interpretiert werden, sondern als ganz bewusste Abweichung vom Kommunikationsprinzip. Eine sprachliche Irritation, etwa durch Mehrdeutigkeit oder durch eine unerwartete und (zumindest scheinbar) nicht mit dem Kontext kompatible Bedeutung eines Ausdrucks, führt folglich dazu, dass der Rezipient sich nicht etwa von dem betreffenden Text abwendet, sondern versucht, die Unklarheit aufzulösen (Dittgen 1989: 35; ebd. 87; Stöckl 1997: 302). Hierzu reflektiert er über den wahrgenommenen Text und geht gegebenenfalls daran, die Rezeption dieses Textes fortzusetzen.[18]

Grundsätzlich muss jedes Spiel mit Ambiguität das Kriterium erfüllen, letztendlich intendiert zu wirken (Dittgen 1989: 17ff.; ebd. 41): Der Rezipient darf und soll sich zwar zunächst irritiert fühlen, muss aber am Schluss hinter einem mehrdeutigen Ausdruck bzw. hinter einer falschen Auslegung eines mehrdeutigen Ausdrucks klar die Absicht des Sprachproduzenten (hier des Werbenden) zu dieser Irritation erkennen. Die Mehrdeutigkeit eines Lexems oder einer Lexemgruppe darf also nicht den Eindruck erwecken, als sei sie nur versehentlich entstanden und nicht vom Produzenten beabsichtigt. Ein solcher Eindruck würde den Schluss nahelegen, dass der Werbende den Umgang mit der Sprache nicht professionell beherrscht; dadurch wiederum könnten beim Rezipienten negative Assoziationen zwischen Werbung und Werbendem sowie zwischen Werbung und Produkt bzw. Dienstleistung entstehen (Sauer 1998: 227). Auf den Werbeeffekt würde sich dies sehr ungünstig auswirken.

Auf Rezipientenseite ist schließlich für ein Gelingen des Spiels mit Ambiguität auch eine hinreichende Sprachkenntnis erforderlich, die es erlaubt, sprachliche Mehrdeutigkeiten zu erkennen und irreführende Bedeutungen als im Kontext nicht sinnstiftend zu interpretieren (Dittgen 1989: 26).

---

[18] Diese Befunde entsprechen dem Inkongruitäts-Auflösungs-Modell der Psychologie: Diesem Modell zufolge bauen Reize oder Situationen, die durch eine überraschende Wendung eine bestimmte Erwartung nicht erfüllen, eine Spannung und einen kognitiven Konflikt auf; in der Folge versucht der Rezipient, dieses Spannungsverhältnis aufzulösen (Sauer 1998: 89).

## 5.3 Funktionen der Ambiguierung als Sprachspiel in der Werbung

Auf Basis der in den Punkten 5.1 und 5.2 dargelegten Funktionen von Werbesprache und der Bewusstseinsprozesse beim Rezipieren dieser Sprachgattung soll nun dargelegt werden, welche kommunikativen Effekte das Spiel der Ambiguierung für die Werbesprache besitzt.

### a) Erregen von Aufmerksamkeit

Grundvoraussetzung dafür, dass eine Werbebotschaft ihre Funktionen (auf die unter Punkt 5.1 eingegangen wurde) erfüllt, ist die hinreichende Aufmerksamkeit des Rezipienten und potenziellen Konsumenten. Um diese Aufmerksamkeit zu erlangen, muss sich eine Werbung erfolgreich gegen verschiedene widrige Umstände durchsetzen:

1.) Werbung ist eine Kommunikationsgattung, die von ihrem Publikum im Allgemeinen eher unfreiwillig konsumiert wird: Zeitungen und Zeitschriften (soweit es sich nicht um ausgewiesene Anzeigenpublikationen handelt) werden nicht in erster Linie mit der Absicht gelesen, Werbeanzeigen zu rezipieren. Ebenso wenig nutzt der normale Zuschauer das Medium Fernsehen mit dem primären Ziel, sich Werbespots anzusehen. Vielmehr wird Werbung in beiden Fällen – wie auch bei jedem anderen Werbemedium – meist beiläufig und mit entsprechend reduzierter Aufmerksamkeit wahrgenommen. Das Image der Werbung leidet zudem gerade heutzutage darunter, dass sich viele Rezipienten von ihr überhäuft fühlen und ihr folglich nicht nur uninteressiert, sondern ablehnend gegenüberstehen. Eine große Masse an unaufgefordert zugestellten Anzeigenzeitungen sowie an Werbebeilagen in den Tageszeitungen dürfte auf die meisten Leser eher abstoßend wirken – ebenso wie die häufigen und langen Sendungspausen für Werbung (vor allem bei Privatsendern), die von zahlreichen Fernsehzuschauern als lästig empfunden werden. (Zum Image-Problem der Werbung vgl. auch Hemmi 1994: 35f.; Sowinski 1998: 3; ebd. 22.)

2.) Die quantitative Zunahme der Werbung vor allem im Fernsehen sowie die immer geringeren Qualitätsunterschiede zwischen Konkurrenzunternehmen und -produkten schwächen das Profil des einzelnen Anbieters. Er droht zusehends in der Masse seiner Mitstreiter unterzugehen. (Auf dieses Problem wird unter Punkt 5.4 noch genauer einzugehen sein.)

Diese Hindernisse führen dazu, dass der Werbende besondere Anstrengungen unternehmen muss, um das Interesse des Rezipienten zu wecken. Gerade aufgrund der zusehends sich annähernden Qualitätsniveaus konkurrierender Produkte kann sich eine Werbung nur noch selten durch Fakten hervortun. Stattdessen hängt die Aufmerksamkeit, die der Rezipient und Konsument dem einzelnen Anbieter entgegenbringt, immer mehr davon ab, wie originell und auffällig dieser eine Werbeanzeige oder einen Werbespot gestaltet.

An diesem Punkt setzt das kreative Spiel mit der Sprache, und insbesondere das Spiel mit Mehrdeutigkeiten, an. Es verstößt gegen die (unbewusste) Erwartung des Publikums, einen semantisch eindeutigen Werbetext präsentiert zu bekommen, der einen Einklang mit Produktzusammenhang und (gegebenenfalls) dem Visual bildet. Die gedanklichen Widersprüche, Überraschungen und kognitiven Konflikte, die durch diesen Verstoß ausgelöst werden, üben einen starken Reiz auf den Rezipienten aus, was die betreffende Werbung auffällig wirken lässt (Hemmi 1994: 28; Sauer 1998: 89; ebd. 167f.; Sowinski 1998: 30). Verbunden mit der genannten Präsupposition, dass der Werbende zu einer erfolgreichen Kommunikation willens und fähig ist, veranlasst die Auffälligkeit den Rezipienten, der betreffenden Werbung eine erhöhte Aufmerksamkeit zu schenken und sie nötigenfalls weiterzuverfolgen, um ein sprachliches Rätsel aufzulösen (Dittgen 1989: 39; Sauer 1998: 89). Er versucht damit, die augenscheinliche Verletzung des Grice'schen Kooperationsprinzips wieder rückgängig zu machen (Dittgen 1989: 39; ebd. 87). Auf diesem Wege kann der Leser einer Werbeanzeige zum Weiterlesen, der Zuschauer eines Werbespots zum Weitersehen und -hören animiert werden.

### b) Anreiz zur gedanklichen Auseinandersetzung mit der betreffenden Werbung

Wie in Punkt 5.2 bereits angesprochen, geht der Rezipient eines Werbetextes davon aus, dass der Werbende an einer verständlichen Kommunikation interessiert und dazu auch fähig ist. Aufgrund dessen veranlassen sprachliche Irritationen in der Werbung – z. B. durch einen ambigen Ausdruck – den Rezipienten dazu, sich nicht etwa vom Werbetext abzuwenden. Stattdessen fühlt er sich angeregt, darüber nachzudenken, was der Werbende mit der auf den ersten Blick rätselhaften Formulierung gemeint haben könnte (Sowinski 1998: 37). Nötigenfalls verlangsamt der Rezipient einer Werbeanzeige hierzu die Lesegeschwindigkeit oder kehrt nochmals zu einer bestimmten Textstelle zurück, um das Rätsel zu lösen. (Diese Möglichkeit ist in den elektronischen Medien nicht gegeben. Daher kann z. B. die Fernsehwerbung eine gedankliche Reflexion seitens des Rezipienten wesentlich weniger nutzen als die Print-Werbung. Auf diesen und weitere Unterschiede zwischen gedruckter und gesendeter Werbung wird in Kapitel 6 einzugehen sein.) Die Reflexion und ggf. die Wiederholung von Textpassagen bewirken eine bessere Einprägsamkeit der Werbebotschaft. Wie bereits durch eine erhöhte Aufmerksamkeit (siehe Abschnitt a), kann der Rezipient auch durch eine nähere gedankliche Auseinandersetzung mit dem Werbetext dazu veranlasst werden, diesen weiterzuverfolgen, um das Sprachrätsel zu lösen.

### c) Intellektuelles Lusterlebnis

Für den Erfolg eines Spiels mit sprachlicher Mehrdeutigkeit muss der Rezipient die dadurch zunächst ausgelöste Irritation überwinden. Dies geschieht entweder, indem er überraschenderweise mehrere Bedeutungen eines ambigen Ausdrucks als im Kontext passend erkennt, oder aber, indem er einen Zusammenhang zwischen der im Werbekontext passenden und der nicht passenden Bedeutung herstellt. Gelingt eine dieser Erkenntnisse, so hat die betreffende Werbung einen weiteren Erfolg errungen: Sie hat dem Rezipienten ein Aha-Erlebnis und ein intellektuelles Lusterlebnis beschert und sich als originell, geistreich und witzig erwiesen (Hemmi spricht hierbei vom „befreienden Lachen des plötzlichen Verstehens"; Hemmi 1994: 144). Angenehme Erlebnisse beim Rezipieren von Werbung verfolgen das Ziel, dass der Rezipient im Unterbewusstsein mit dem werbenden Unternehmen und dem Produkt bzw. der Dienstleistung ein Vergnügen beim Lesen oder Hören der Werbung assoziiert (Bahramnia 2002: 235). Ein solches Vergnügen kann letztendlich auch seine Neigung zum Konsumieren fördern.

Zu vermuten ist außerdem, dass das Lösen eines sprachlichen Rätsels und das damit verbundene geistige Erfolgserlebnis dem Rezipienten eine intellektuelle Selbstbestätigung verschafft. Dies würde für die betreffende Werbung einen weiteren Triumph bedeuten: Ein solches Erfolgserlebnis würde die Akzeptanz seitens des Rezipienten zusätzlich erhöhen, da er die positive Erfahrung fortan (unbewusst) mit dem werbenden Unternehmen und dem beworbenen Produkt bzw. der beworbenen Dienstleistung verbinden würde.[19] Im Sinne einer höheren Bindung zwischen Werbendem und Rezipienten ist zudem die verbindende Wirkung von Humor zu bedenken, der eine emotionale Distanz der Kommunikationspartner verringern kann (Sauer 1998: 205).

Nicht zuletzt vermag das geistreiche Sprachspiel, etwa durch Ambiguierung, auf den Rezipienten auch imponierend zu wirken: Der Werbende beweist dadurch ein hohes intellektuelles Niveau und macht auf den Rezipienten den Eindruck sprachlicher Virtuosität (Sauer 1998: 203). Dies kann dazu führen, dass der Rezipient das werbende Unternehmen und die bewor-

[19] Hemmi (1994: 88) jedenfalls sieht in der (formalen) Abwandlung geflügelter Worte in der Werbung diese Möglichkeit; es ist davon auszugehen, dass sich dieser Effekt auch bei Ambiguierung, also bei Sprachspielen mit rein semantischer Modifikation, einstellt.

bene Ware bzw. Dienstleistung im Unterbewusstsein als qualitativ besonders hochwertig registriert (Hemmi 1994: 144; Lange 1998: 191; Sauer 1998: 203). Unter Umständen verschafft diese beeindruckende Wirkung dem Werbenden (bei gleichzeitiger Verringerung der emotionalen Distanz dank des Humors, siehe oben) sogar eine Überlegenheitsposition gegenüber dem Rezipienten: Der virtuose spielerische Umgang mit der Sprache könnte den Leser oder Zuschauer dazu verleiten, sich dem Werbenden intellektuell zu ergeben und die Botschaft daher völlig widerstandslos auf sich wirken zu lassen. Ganz besonders kann dies in Fällen scheinbarer Ambiguität zum Tragen kommen, in denen der Rezipient schlussendlich erkennen muss, dass er vom Werbenden trickreich in die Irre geführt wurde.

### d) Memorisierung

Mit der Anregung, einen Text weiterzuverfolgen und sich damit auseinanderzusetzen (siehe Abschnitt a und b), sowie der Freude am Rezipieren eines Textes (siehe Abschnitt c) schafft das Ambiguierungs-Spiel eine wesentliche Bedingung für eine erfolgreiche Werbekommunikation: Der Werbung gelingt es dadurch, sich ins Gedächtnis des Rezipienten einzuprägen (Palm 1997: 62; Sowinski 1998: 30; Balsliemke 2001: 319).[20] Diese Memorisierung wird nicht zuletzt dadurch begünstigt, dass Humor in der Werbung den Rezipienten eher dazu motiviert, die betreffende Werbebotschaft wiederholt aufzunehmen, d. h. sich den Werbespot mehrmals aufmerksam anzusehen oder die Anzeige mehrmals zu lesen (Hemmi 1994: 144). Hinzu kommt, dass manches werbende Unternehmen ganze Serien von Anzeigen oder Werbespots publiziert, die mit immer gleichen oder zumindest ähnlichen Techniken des Sprachspiels arbeiten (siehe hierzu Punkt 9.1, Abschnitt l); auch der dadurch bewirkte Wiedererkennungs-Effekt kann die Einprägsamkeit steigern.

[20] Laut Balsliemke kann bereits das Nachdenken über eine zwar in der Werbung nahegelegte, jedoch im Werbekontext nicht passende Bedeutungsrichtung dazu führen, dass der Rezipient die betreffende Werbung besser im Gedächtnis behält: „Werden Phraseologismen in Werbeanzeigen verwendet, ist das Ziel meist das Bewusstmachen einer anderen möglichen Bedeutung der Wörter des Phraseologismus, um die Bedeutungen des Gelesenen kurz in Frage zu stellen, um es dann wieder zu korrigieren, damit es im Gedächtnis des Rezipienten besser gespeichert wird. Denn das Spiel mit den Bedeutungen rekurriert auf Bekanntes, das mit Neuem verknüpft wird" (Balsliemke 2001: 319). Balsliemke beschreibt diesen gedanklichen Prozess zwar mithin nur für Phraseologismen und ausschließlich für die Rezeption von Werbeanzeigen; er lässt sich jedoch nach Ansicht des Autors der vorliegenden Abhandlung problemlos verallgemeinern, d. h. auch auf ambige Einzelwörter (Lexeme) sowie auf die Rezeption von Fernsehwerbespots anwenden.

### e) Unverbindlichkeit / Deutungsfreiheit

Ein weiterer für die Werbung sinnvoller Effekt des Sprachspiels mit Mehrdeutigkeiten besteht darin, dass diese dem Rezipienten eine Deutungsfreiheit und somit einen Entscheidungsspielraum darüber gewähren, wie er einen rezipierten Ausdruck interpretieren will (Klotz 1975: 100f.; Baumgart 1992: 302; Sauer 1998: 92). Das wiederum kann der Werbebotschaft eine erhöhte Akzeptanz einbringen (Baumgart 1992: 300). Dieser Effekt kommt allerdings nur bei kontextgestützter Ambiguität zum Tragen, bei der im Werbekontext tatsächlich mehrere Bedeutungen aufrechterhalten werden.

### f) Verschleierung

Eng verbunden mit dem Unterhaltungswert sowie mit der semantischen Unverbindlichkeit des Ambiguierungs-Sprachspiels ist dessen Verschleierungs-Funktion: Das Spiel mit Mehrdeutigkeiten (ebenso wie jede andere kreative Nutzung der Sprache) soll den persuasiven Charakter kaschieren, der jeder Werbung innewohnt (siehe Punkt 5.1). Eine unterhaltsame sprachliche Präsentation und humoristische Effekte sollen den Rezipienten vergessen lassen, dass in diesem Moment de facto versucht wird, ihn zu beeinflussen und zu manipulieren (Klotz 1975: 102f.; Bahramnia 2002: 235). Baumgart (1992: 302) kommt darüber hinaus zu dem Ergebnis, dass ein Sprachspiel auch Unsinnigkeiten, Unwahrhaftigkeiten und Unlauterkeiten der betreffenden Anzeige bzw. des Spots zu vertuschen vermag.

### g) Zusammenfassung der Funktionen

Hinsichtlich der Funktionen von Werbesprache im Allgemeinen (siehe Punkt 5.1.1) erfüllt speziell das Sprachspiel der Ambiguierung folgende Anliegen:

Seine zentrale Aufgabe besteht in der „Attention“- und „Interest“-Funktion, d. h. im Ziel, Aufmerksamkeit zu wecken. Wichtig ist außerdem die „Please“-Funktion der Unterhaltung. Des Weiteren kann das Spiel mit Mehrdeutigkeiten die „Memorise“-Funktion wahrnehmen, indem es die Erinnerung an die Werbebotschaft fördert und langfristig dem beworbenen Produkt bzw. dem werbenden Anbieter einen Wiedererkennungswert verleiht. „Please“ und „Memorise“ können dabei zugleich als Grundlagen für „Attention“ und „Interest“ betrachtet werden.

Nicht zuletzt ist das Sprachspiel der Ambiguierung auch dafür geeignet, die „Distract“-Funktion zu erfüllen, indem es von der persuasiven Manier einer Werbung abzulenken vermag. Letzten Endes erhöht es durch seine Unterhaltsamkeit, eine gewährte Deutungsfreiheit sowie ein Verschleiern manipulatorischer Werbeabsichten auch die Akzeptanz, die der Werbebotschaft zukommt; es erfüllt insofern auch die „Yield"-Funktion.

Gegen die „Comprehend"-Funktion (Verständlichkeitsfunktion) wird mit gezielter Mehrdeutigkeit hingegen bewusst verstoßen; dabei verhindern jedoch bestimmte Basispräsuppositionen auf Seiten des Rezipienten ein Misslingen der Kommunikation (siehe Punkt 5.2).

Auf die genannten Effekte der Ambiguierung in der Werbesprache wird bei der Betrachtung der für eine Ambiguität ausschlaggebenden Komponenten und Umstände einer Werbung (Kapitel 8) sowie einzelner sprachlicher und rhetorischer Strategien der Ambiguierung (Kapitel 9) zurückzukommen sein.

## 5.4 Gründe für die zunehmende Nutzung von Sprachspielen in der Werbung

Im Zusammenhang mit den Funktionen des Ambiguierungs-Spiels in der Werbesprache ist der Frage nachzugehen, weshalb Sprachspiele gerade in der Werbung der Gegenwart eine beliebte Gestaltungstechnik darstellen – und heutzutage vermehrter genutzt werden als etwa in der Mitte des vorigen Jahrhunderts.

In den vergangenen Jahrzehnten ist in der deutschen Werbung eine Zunahme von Sprachspielen zu erkennen. In der Zeitschrift „Stern" beispielsweise, einer der für die vorliegende Analyse verwendeten Datenquellen, betrug der Anteil humoristischer Inserate in den 1950er- und 1960er-Jahren noch 7 Prozent, in den 1970er-Jahren erhöhte er sich auf 13 und bis in die 1990er-Jahre auf 18 Prozent (Wehner 1996: 87). Für die quantitative Zunahme von Sprachspielen in der Werbung, und darunter auch dem Sprachspiel der Ambiguierung, lässt sich eine Vielzahl von Ursachen ausmachen. Diese sind in grundlegenden Veränderungen der Marktsituation und des Konsumverhaltens zu suchen, aber auch in einer gewandelten Werbewahrnehmung seitens des Konsumenten; nicht zuletzt spielen auch allgemeine Entwicklungen in der Sprachnutzung sowie in der Einstellung der Sprachgesellschaft gegenüber einem humoristischen Werbestil eine Rolle.

Als erster entscheidender Ursachenkomplex ist die Entwicklung der Marktsituation anzusprechen, d. h. des Angebots und der Nachfrage.

- Nach dem Zweiten Weltkrieg waren der Bedarf an Grundgütern und Rohstoffen groß und diese nur sehr knapp verfügbar. Aufgrund des Überbedarfs musste für diese Waren keine Werbung betrieben werden, die den Rezipienten zum Kauf hätte anspornen müssen

(Baumgart 1992: 305). Luxus-Artikel andererseits waren angesichts der Notwendigkeit, wenigstens die grundlegendsten Güter zu besitzen, zunächst weitgehend unwichtig. Mithin bestand bei vielen Produkten entweder keine Notwendigkeit oder keine Aussicht darauf, Aufmerksamkeit, Interesse und einen Bedarf des Konsumenten zu wecken. Die zentralen Funktionen der Werbung und der Werbesprache (siehe Punkt 5.1 und – speziell mit Blick auf Mehrdeutigkeit – Punkt 5.3) waren somit vielfach unerheblich.

Heute hingegen ist der Markt in den meisten Konsumbereichen gesättigt. Andererseits müssen viele Menschen mit knappen finanziellen Mitteln auskommen und bei Anschaffungen eine dementsprechend restriktive Auswahl treffen. Folglich sieht sich die Werbung gezwungen, sowohl für Grund- als auch für Luxusgüter eine Aufmerksamkeit und ein Besitzbedürfnis erst zu schaffen. In solchen Fällen ist die Vermittlung emotionaler Konsumerlebnisse – wozu auch Humor gehört – bedeutsam (Kroeber-Riel/Weinberg 2003: 124ff.).

- Die Markenvielfalt ist durch den globalen Markt größer geworden. Aufgrund dieses Konkurrenzdrucks wiederum ist die Anforderung an Produkt- und Dienstleistungsanbieter gewachsen, qualitativ hochwertige Produkte und Leistungen zu bieten. In der Folge sind sich heutzutage in vielen Branchen die Produkte und Dienstleistungen verschiedener Anbieter qualitativ sehr ähnlich. Somit muss sich ein Anbieter nicht mehr durch rationale Fakten, sondern durch die emotional ansprechende Form seiner Werbung von der Konkurrenz abheben (Hemmi 1994: 38; Sauer 1998: 88; Kroeber-Riel/Weinberg 2003: 125). Dies ist umso notwendiger, als der Kunde hohe Qualität heute als Selbstverständlichkeit erwartet und diese daher nicht mehr – wie noch bis in die 1960er-Jahre hinein – als Besonderheit hervorgehoben werden kann (Baumgart 1992: 306; Kroeber-Riel/Weinberg 2003: 125). Der Unterhaltungswert der Werbung stellt heutzutage bisweilen den einzigen produktspezifischen Zusatznutzen dar, mit dem der Werbende noch Aufmerksamkeit erregen und sich profilieren kann; die unterhaltende Werbung ist mittlerweile vielfach die „unique selling proposition“, die „einzigartige Verkaufsaussage“ (zu diesem Begriff vgl. Schürmann 1993: 210; Janich 2001: 45).
- Nicht zuletzt entwickeln sich die modernen Industriegesellschaften seit der zweiten Hälfte des 20. Jahrhunderts zu Dienstleistungsgesellschaften weiter – so auch die Bundesrepublik Deutschland. Das Erfordernis, Werbung auf emotionaler Ebene zu betreiben, dürfte sich im Bereich der Dienstleistungswerbung noch weitaus stärker niederschlagen

als in der Warenwerbung: Dienstleistungen sind nicht gegenständlich, weshalb Produkteigenschaften hier noch schwieriger zu veranschaulichen sind als bei Waren.

Neben der Konsumsituation haben jedoch auch **allgemeine Tendenzen des Zeitgeistes** den Charakter der Werbesprache sowie die Einstellung des Rezipienten und Konsumenten zur Werbung verändert:

- Als in den 1960er-Jahren der Wiederaufbau nach dem Zweiten Weltkrieg weitgehend abgeschlossen war, gewannen postmaterialistische Werte in der Gesellschaft an Bedeutung. Waren zuvor Nutzenversprechen wie Qualität, Zuverlässigkeit, Erfahrung und Tradition wichtig gewesen, so traten nun Vorzüge wie Genuss und Lebensfreude in den Vordergrund. Dies schlug sich auch im Stil der Werbung nieder: Der Inhalt von Werbebotschaften rückte allmählich von harten Fakten ab und wandte sich zur Unterhaltsamkeit hin (Bass 2003: 385).
- Während früher dem Visual die Hauptrolle für den Reiz einer Werbung zukam, hat sich mittlerweile der Text als quasi gleichberechtigte Werbe-Komponente neben dem Bild etabliert und ist zum Träger werblicher Botschaften geworden (Baumgart 1992: 312f.). In den 1950er- und 1960er-Jahren war die Werbung im Zuge neuer visueller Möglichkeiten (Verbreitung des Fernsehens und Aufkommen des Farbfernsehens, Aufkommen der Farbfotografie) stark optisch orientiert; das Wort trat dadurch vorübergehend in den Hintergrund (Bass 2003: 383). Nachdem diese Neuheiten zur Normalität wurden und ihr Reiz entsprechend abflaute, kam dem verbalen Faktor ab den 1980er-Jahren wieder mehr Bedeutung zu. Diese Aufwertung des Textes – bei gleichzeitig abnehmendem Stellenwert von Qualität als Werbemittel, siehe oben – schuf die Notwendigkeit zu sprachlicher Kreativität.
- Die heutige Unterhaltungsgesellschaft, die zudem durch Schnelllebigkeit gekennzeichnet ist, verlangt nach kurzweiliger Art der Werbedarbietung (Baumgart 1992: 6; Sauer 1998: 171f.). Eine zu sachlich gehaltene Gestaltung von Werbespots oder -anzeigen wirkt auf heutige Konsumenten uninteressant und ermüdend. Baumgart kommt schon zu Beginn der 1990er-Jahre zu der Erkenntnis: „Werbung ist heute nicht mehr nur Informieren, Persuasieren und Manipulieren, nicht mehr nur geheimer Verführer, sondern eher Animateur und Unterhalter im Konsum“ (Baumgart 1992: 6).
- Ein bereits unter Punkt 5.3, Abschnitt a, angedeutetes Problem ist in den vergangenen 20 Jahren durch die gewachsene Zahl an (kommerziellen) Fernsehsendern noch gravierender geworden: die Überflutung mit Werbematerial, also mit Anzeigen, Anzeigenblättern,

Prospekten und Werbespots (Hemmi 1994: 35f.). Der Rezipient ist abgestumpft und schenkt infolgedessen einer Reklame nur noch dann Beachtung, wenn sie auffällt. Nicht nur Produkte bzw. Dienstleistungen selbst, sondern auch Werbekampagnen sind austauschbar geworden. Die originelle Werbeidee wird demnach zum einzigen Unterscheidungsmerkmal nicht nur für die konkurrierenden Produkte bzw. Dienstleistungen (siehe oben), sondern auch für ihre Werbung (Eicke 1991: 90).

Nicht zuletzt ist es offensichtlich, dass sich auch allgemein die **Einstellung des Sprachbenutzers zur Sprache geändert hat.**

- Der Sprachgebrauch der Gesellschaft hat an Förmlichkeit verloren, er ist lässiger geworden. Dies schlägt sich auch auf die Haltung des Rezipienten und Konsumenten gegenüber der Werbesprache nieder: Während das Sprachspiel hier früher der Gefahr ausgesetzt war, als unseriös zu gelten, wirkt es heute auf die breite Masse unterhaltsam.

- Dieser Gesinnungswandel zeigt sich besonders an der Werbung für Finanzunternehmen, bei der Sprachspiele heutzutage kein Tabu mehr zu sein scheinen und vermutlich weniger einen Verstoß gegen Prinzipien der Seriosität darstellen, als dies etwa noch vor vierzig Jahren der Fall war. Balsliemke (2001: 180) behauptet zwar, dass in Werbungen von Anbietern, die auf den Rezipienten besonders seriös wirken wollen, wie etwa Banken oder Versicherungen, kaum modifizierte Phraseologismen verwendet würden. Weiterhin ist Sauer (1998: 170) der Ansicht, dass eine Werbung, die vor allem Seriosität und Glaubwürdigkeit vermitteln möchte, auf zu lockere Sprachverwendung weitgehend verzichten werde. Die für die vorliegende Publikation angelegte Untersuchung widerlegt dies jedoch – zumindest was die semantische Modifikation, also das Spiel mit Mehrdeutigkeiten, betrifft. Dieses Phänomen wurde durchaus auch in Werbeanzeigen und -spots von Finanzunternehmen angetroffen. Nach Ansicht des Autors wiegt für diese Branche vermutlich das Interesse schwerer, ihre eher unemotionale, „trockene“ Thematik dem Verbraucher auf unterhaltsame Weise zu präsentieren, um ihn überhaupt dafür zu interessieren.

# 6 Vergleich: Rahmenbedingungen für das Sprachspiel der Ambiguierung in der Print- und in der Fernsehwerbung

Werbung im Allgemeinen und die Werbung mittels Sprachspielen im Besonderen sind je nach verwendetem Medium sehr unterschiedlichen Realisierungsbedingungen ausgesetzt. Besonders groß sind dabei die Gegensätze zwischen Inseraten in Zeitschriften und Werbespots im Fernsehen, weshalb für das vorliegende Werk Datenmaterial aus diesen beiden Medien ausgewählt wurde. Vor der empirischen Analyse der für Mehrdeutigkeit ausschlaggebenden Komponenten der Werbung (Kapitel 8) sowie der sprachlichen und rhetorischen Ambiguierungs-Techniken (Kapitel 9) sollen die Unterschiede in den Rahmenbedingungen der Print- und der Fernsehwerbung herausgearbeitet werden, soweit sie für das Spiel mit sprachlicher Ambiguität relevant sind. Die Gegensätze lassen sich dabei unterteilen in technische Unterschiede sowie in Unterschiede bei der Medienwahrnehmung und -nutzung.

## 6.1 Technische Unterschiede

Die technischen Bedingungen verschaffen der Fernsehwerbung zunächst den Vorteil, dass sie ihre Botschaft über zwei Kanäle, den visuellen und den akustischen Kanal, präsentieren kann (Hemmi 1994: 25f.). Darüber hinaus hat sie auch den wesentlichen technischen Vorzug, mit bewegten Bildern arbeiten zu können.

Aus diesen Vorteilen des Fernsehens ergeben sich wichtige Konsequenzen auch für das Spiel mit Mehrdeutigkeit in der Werbung: So ist bei einer zweikanaligen Rezeption die simultane, zusammenhängende Wahrnehmung von Bild und Text besser gewährleistet (Hemmi 1994: 34). Dadurch kann das Spannungsverhältnis wirksamer zur Geltung gebracht werden, das bei einer scheinbaren Ambiguität entsteht, bei der das Visual normabweichend wirkt, d. h. bei der es eine überraschende Bedeutungsvariante eines im Text verwendeten Ausdrucks aktualisiert (siehe Punkt 8.2.2). Durch die akustische Kanalisierung sind zudem bestimmte sprachliche Techniken der Ambiguierung besser zu realisieren als in der Print-Werbung. Dies gilt insbesondere für die Ambiguierung mittels Homophonie: Durch gleich klingende Aussprache unterschiedlich geschriebener Wörter kann im Fernsehen ein orthografischer Unterschied zwischen zwei Wörtern überspielt werden. (Hier sei auf den Fall des Werbeslogans *Oryza – iss anders!* verwiesen, siehe Punkt 8.2.2, Abschnitt d.)

Dank der Möglichkeit, bewegte Bilder zu zeigen, ist die Fernsehwerbung in der Lage, szenische und kinetische Abläufe gut darzustellen. Dies kommt auch beim Spiel mit bestimmten mehrdeutigen Ausdrücken zum Tragen. (Ein Beispiel ist die Werbeaussage für einen Schmutz- und Abflussreiniger: Parallel zu der Aussage *Im Handumdrehen wieder strahlend sauber* zeigt das Szenenbild eine drehende Handbewegung, mit der das beworbene Mittel aus der Flasche rundum in eine Toilettenschüssel gespritzt wird.) Die Print-Werbung hingegen muss sich normalerweise mit allenfalls einigen wenigen verschiedenen Visualen begnügen, durch die sich ein kinetischer Handlungsablauf bestenfalls andeuten lässt.

Den genannten technischen Vorteilen der Fernsehwerbung für das Spiel mit sprachlicher Mehrdeutigkeit stehen allerdings auch einige nicht unerhebliche Vorzüge auf Seiten der Print-Werbung gegenüber.

Hierbei ist zum einen die individuell wählbare Rezeptionsgeschwindigkeit bei Werbeanzeigen anzusprechen. Des Weiteren erlaubt gedruckte Werbung dem Rezipienten, beim Lesen eine nicht verstandene Passage zu wiederholen („zurückzulesen“).

Der Rezipient einer Werbeanzeige kann die Geschwindigkeit der Informationsverarbeitung selbst bestimmen, d. h. bei Verständnisproblemen das Lesetempo verlangsamen. Die geschriebene Sprache eines Inserats ermöglicht somit eine längere Aufnahme- und Nachbereitungszeit als die gesprochene Sprache eines Werbespots (Dittgen 1989: 32). Hinzu kommt als Vorzug der Schriftsprache, dass hier Sprachspiele stärker auffallen als in gesprochener Sprache, da sie für den Rezipienten länger präsent sind (Dittgen 1989: 33). Nicht zuletzt können in der gedruckten Werbung auch Illustrationen je nach Bedarf länger und intensiver betrachtet werden – was in Fällen relevant sein kann, in denen das Bild einen semantischen Bezug zur Ambiguität eines Ausdrucks besitzt (siehe die Fälle unter Punkt 8.2.2). All diese Vorteile verringern die Gefahr, dass der Rezipient ein Sprachspiel überhaupt nicht wahrnimmt, und erlauben der Print-Werbung, relativ hohe intellektuelle Anforderungen an den Rezipienten zu stellen – schriftliche Äußerungen können vergleichsweise kunstvoll, komplex und kompliziert gestaltet werden (Dittgen 1989: 32).

Das Fernsehen hingegen erfordert vom Rezipienten eine kontinuierliche Aufmerksamkeit beim Zuhören und Zusehen, wenn er die Werbebotschaft verstehen will; dabei kann er die Verarbeitungsgeschwindigkeit nicht seinem individuellen Wahrnehmungstempo anpassen. Eine reflektierende und interpretierende Leistung darf somit dem Rezipienten eines Fernsehwerbetextes nicht in hohem Maß abverlangt werden (Hemmi 1994: 34; ebd. 78). Dies ist umso wesentlicher, als im Fernsehen das Bild gegenüber dem Begleittext dominiert und diesen somit zusätzlich in den Hintergrund treten lässt (Hemmi 1994: 34; ebd. 111). Vor allem der erwähnte Vorteil der Fernsehwerbung, Visual und ambige Textstelle simultan präsentieren zu können, relativiert sich insofern.

Die Möglichkeit des Zurücklesens als zweiter Hauptvorteil der gedruckten Werbung gewährleistet hier eher als bei der Fernsehwerbung, dass ein zunächst abstrus erscheinendes Sprachspiel letztendlich verstanden wird.[21] Hingegen erlaubt das Fernsehen kein Zurückspringen auf eine bereits passierte Textstelle, daher muss hier ein Sprachspiel beim ersten Durchlauf einleuchten.

Auch den oben erwähnten Vorteilen der Fernsehwerbung bei bestimmten sprachlichen und rhetorischen Techniken der Ambiguierung sind einige Vorteile auf Seiten der Print-Werbung entgegenzuhalten: In der gesprochenen Sprache des Werbefernsehens sind Ambiguitäten, die auf unterschiedlichen Betonungen beruhen, weniger offensichtlich als in der geschriebenen Sprache der Print-Werbung, da sich der Sprecher im Fernsehen für eine Betonungsvariante entscheiden muss und damit dem Hörer eine bestimmte Bedeutungsvariante nahelegt, was unter Umständen die Mehrdeutigkeit unkenntlich werden lässt. (Als Beispiel sei die betonungsabhängige Mehrdeutigkeit des Satzes *Alles dreht sich nur um Sie* genannt, mit dem eine Reifenservice-Firma wirbt; auf diesen Fall wird in Punkt 9.1, Abschnitt c, eingegangen.) Nicht zuletzt ist in einer Anzeige auch eine bewusste Häufung ambiger Ausdrücke innerhalb desselben Werbetextes (siehe Punkt 9.1, Abschnitt k) besser zu realisieren: Der Rezipient kann bei Bedarf zurücklesen und dadurch den gesamten Textzusammenhang mit der Dichte der mehrdeutigen Ausdrücke besser zur Kenntnis nehmen als beim flüchtigen Fernsehwerbetext.

---

[21] Allerdings ist Dittgen (1989: 33) nicht zuzustimmen, wenn sie behauptet, dass die Gefahr, eine sprachliche Abweichung überhaupt nicht wahrzunehmen, bei der geschriebenen Sprache deshalb geringer sei, weil hier die Möglichkeit des Nachlesens bestehe. Diese Annahme beruht auf einem Trugschluss: Wenn der Rezipient die Abweichung beim ersten Durchlesen überhaupt nicht wahrnimmt, kann er sich auch nicht dazu veranlasst fühlen, die entsprechende Textstelle nochmals zu lesen. Hierzu kommt es nur, wenn der Rezipient beim ersten Lesen bereits irritiert und somit auf eine sprachliche Besonderheit aufmerksam wird und wenn er lediglich den Sinn der Abweichung nicht auf Anhieb komplett verstanden hat.

## 6.2 Unterschiede in Image und Mediennutzung

Auch hinsichtlich des allgemeinen Images der Werbung (siehe hierzu auch Punkt 5.3, Abschnitt a, und 5.4) ergeben sich für Sprachspiele in Werbeanzeigen und für solche in Fernsehwerbespots jeweils Vor- und Nachteile.

So ist bei Zeitschriftenlesern von einem höheren Interesse an sprachspielerischer Werbung auszugehen. Für diese Vermutung spricht, dass das Fernsehen von vielen Rezipienten nur zur begleitenden Untermalung anderer Tätigkeiten genutzt wird, während die Zeitschrift und andere Print-Medien im Allgemeinen mit höherer Aufmerksamkeit und Konzentration konsumiert werden; hieraus folgt eine stärkere Bereitschaft zum Mitdenken (Hemmi 1994: 79). Komplizierteren Sprachspielen wie dem der Ambiguierung, das eine hohe kognitive Aktivität des Rezipienten erfordert (vgl. hierzu Janich 2001: 156; Sauer 1998: 180ff.), kommt dies zugute.

Allerdings dürfte der Vorteil nur so lange bestehen, wie der Leser tatsächlich auch Interesse an Werbung mitbringt. Und dies dürfte angesichts der heutigen Überhäufung mit (gedrucktem wie gesendetem) Reklame-Material immer weniger der Fall sein. Der nicht interessierte Rezipient kann jedoch Werbeanzeigen leichter überspringen, als er das Fernsehgerät bei jedem einzelnen Werbeblock aus- und später wieder einschaltet. Bei Print-Werbung ist deshalb nach Meinung von Hemmi (1994: 31; ebd. 168) die Gefahr des vorzeitigen Kontaktabbruchs größer als bei Fernsehreklame. Zwar sieht sich letztere dem Nachteil ausgesetzt, dass sie vom Publikum vermutlich insgesamt als störender empfunden wird: Der Fernsehzuschauer registriert Werbefilme häufig als lästige Unterbrechung einer Sendung und steht ihnen dementsprechend oft ablehnend und unempfänglich gegenüber. Darüber hinaus besitzt er die Möglichkeit, während eines Werbeblocks (der oft mehrere Minuten dauert) auf ein anderes Programm umzuschalten oder den Raum zu verlassen. Tatsächlich geschieht dies allerdings vermutlich bei weitem nicht immer (selbst bei mangelndem Interesse an Werbung) – schon aufgrund des Risikos, dadurch die Fortsetzung der eigentlich gewünschten Sendung zu verpassen. Mindestens ein Teil des Werbeblocks dürfte somit in den meisten Fällen am Zuschauer „hängen bleiben“. Hinzu kommt, dass Inserate auch ein aktiveres Mitwirken vom Rezipienten erfordern als Spots: Muss er doch die betreffende Zeitschrift oder Zeitung lesen und durchblättern, während er Fernsehwerbung weitgehend passiv auf sich wirken lassen kann. Insgesamt ist deshalb davon auszugehen, dass Fernsehspots den Zugang zu einem generell an Werbung wenig interessierten Rezipienten im Zweifelsfall eher finden als gedruckte Anzeigen.

Tendenziell also genießt zwar die Print-Werbung zumindest in Zeitschriften den Vorteil, anspruchsvollere Sprachspiele (und im Bereich der Ambiguierung auch anspruchsvollere Techniken) anwenden zu können, wenn sie den Leser erst für sich gewonnen hat. Aber um diesen zu erreichen, müssen Werbeanzeigen gerade in der heutigen Zeit einen entsprechenden Blickfang darstellen. Nach Ansicht des Autors sollten sie zudem möglichst in Kombination mit redaktionellen Beiträgen auf der betreffenden Seite stehen. (Eine Anzeige, die die Seite allein beansprucht oder sie sich ausschließlich mit anderen Werbeanzeigen teilt, läuft Gefahr, gänzlich übersprungen zu werden.) Und trotz allem scheint das Fernsehen beim flüchtigen Werbekonsumenten aufgrund geringerer Ansprüche an dessen geistiges Mitwirken im Vorteil zu sein. Dies wiegt im Zeitalter von Stress, Reizüberflutung und intensiver Nutzung elektronischer Medien umso schwerer.

## 6.3 Fazit

Aus den technischen Rahmenbedingungen ergibt sich insgesamt eher ein Vorteil für Sprachspiele in der Print- als in der Fernsehwerbung. Dem Plus des Fernsehens, Werbung auch akustisch realisieren sowie bewegte Bilder bieten zu können, stehen vor allem die Vorzüge von Werbeanzeigen gegenüber, dass ihr Leser die Geschwindigkeit der Informationsverarbeitung frei wählen und sich daher intensiver mit dem Anzeigeninhalt auseinandersetzen sowie bei Bedarf den Text wiederholt verinnerlichen kann. Dagegen scheinen die Unterschiede in Medienwahrnehmung und -nutzung eher zugunsten von Werbespots als von Inseraten auszufallen. Gedruckte Medien werden zwar in der Regel mit höherer Aufmerksamkeit konsumiert, allerdings scheinen relativ viele Rezipienten heute nicht mehr in der Lage oder willens zu sein, diese Aufmerksamkeit aufzuwenden – umso weniger für die Werbung, von der sich viele Verbraucher mittlerweile überhäuft fühlen.

# *Teil C:*
# *Techniken der Schaffung und Auflösung von Mehrdeutigkeit in Werbeanzeigen und Werbespots – Empirische Analyse*

## 7 Erläuterungen zur Analyse

Die nachfolgende empirische Analyse untersucht zum einen das Zusammenwirken der Faktoren und Umstände, die innerhalb einer Werbeanzeige oder eines Werbespots eine sprachliche Mehrdeutigkeit evozieren können (Kapitel 8). Zum anderen werden auf der Ebene des Werbetextes wichtige sprachliche Einzeltechniken analysiert, die beim Spiel der Ambiguierung zum Einsatz kommen (Kapitel 9). In beiden Untersuchungen soll auch auf die werbekommunikativen Funktionen eingegangen werden (siehe Kapitel 5), die von den Verfahren jeweils erfüllt werden.

### 7.1 Zusammensetzung des Korpus

Für die empirische Analyse über makrotextuelle Einflüsse und sprachliche bzw. rhetorische Strategien der Ambiguierung in deutscher Werbung wurde folgendes Material untersucht:

- Sämtliche Werbeanzeigen in 26 Ausgaben der Zeitschrift „Stern" aus dem Jahr 2005, es handelt sich dabei um alle ungeraden Nummern.[22]
- Sämtliche Werbespots, die an 20 Tagen zwischen Januar und April 2006 jeweils in einem Zeitraum von vier Stunden in verschiedenen Programmen des deutschen Fernsehens gesendet wurden. Im Einzelnen handelt es sich um 4 Sendetage des ARD-Programms „Das Erste", 3 Sendetage des ZDF, 5 Sendetage von RTL, 3 Sendetage von Sat.1 sowie 5 Sendetage von N-TV. In der Regel wurde bei den Privatsendern RTL, Sat.1 und N-TV die Zeit zwischen 18 und 22 Uhr gewählt, bei den öffentlich-rechtlichen Sendern die Zeit zwischen 16 und 20 Uhr (hier ist Werbung nur bis 20 Uhr zulässig).

[22] Der „Stern" bietet sich für eine Untersuchung an, die eine möglichst breite Vielfalt an werbenden Branchen berücksichtigen will, da diese Zeitschrift einen „General-Interest-Titel" darstellt (Balsliemke 2001: 94; sie stützt sich dabei auf Befunde von Christa Wehner aus 1996). Darüber hinaus gilt der „Stern" als Publikation, die ein breites Spektrum an verschiedenen Alters- und Bevölkerungsschichten erreicht (und darin z. B. die Zeitschriften „Spiegel" und „Focus" überbietet; Balsliemke 2001: 94 mit Bezugnahme auf Wehner).

Es wurden dabei insgesamt 755 Anzeigen und Spots ermittelt, die (mindestens) eine Ambiguierung aufweisen. Im Rahmen dieser Analyse kann hiervon nur eine Auswahl betrachtet werden, die aber dennoch die Vielfalt der verschiedenen Ambiguierungs-Verfahren deutlich machen soll (sowohl in Bezug auf die Faktoren, die Mehrdeutigkeit erzeugen, als auch in Bezug auf die sprachlichen bzw. rhetorischen Ambiguierungs-Techniken).

Die vorliegende Untersuchung befasst sich sowohl mit Waren- als auch mit Dienstleistungswerbung. Dabei wurden die Medien Zeitschrift und Fernsehen gewählt, um Beispiele aus Mediengattungen mit sehr unterschiedlichen Rahmenbedingungen (siehe Kapitel 6) in der Untersuchung zu vereinen. Aus Gründen des Umfangs wurde im Bereich der Print-Werbung auf eine nach den verschiedenen Textkomponenten – Schlagzeile, Fließtext und Slogan – getrennte Aufstellung der Beispiele verzichtet, ebenso auf Vergleiche der Häufigkeit von Ambiguierungs-Spielen zwischen diesen Komponenten. Des Weiteren mussten mit Rücksicht auf den Umfang detaillierte quantitative Vergleiche zwischen den unterschiedlichen Verfahren der Ambiguierung unterbleiben. Stattdessen liegt die Priorität der Untersuchung auf einer qualitativen Beschreibung der Komponenten, die in der Werbung Mehrdeutigkeiten evozieren und ggf. auflösen, sowie auf den sprachlichen und rhetorischen Ambiguierungs-Techniken.

## 7.2 Methodik

Die Werbeanzeigen und -spots wurden seitens des Autors dieser Publikation eingehend auf sprachliche Mehrdeutigkeiten untersucht. Mit Blick auf die zur Verfügung stehende Untersuchungszeit konnte kein repräsentativer Test mit einer hinreichend großen Zahl an Versuchspersonen durchgeführt werden, mit dem sich etwa die rezipientenseitige Interpretation mehrdeutiger Ausdrücke hätte empirisch erkunden lassen. Nach Ansicht des Autors sind jedoch die ausgewählten Beispiele so beschaffen, dass sich auch ohne eine solche Versuchsreihe – jedoch unter Zuhilfenahme vorliegender wissenschaftlicher Befunde – hinreichend klare Aussagen darüber treffen lassen, wie der durchschnittliche Rezipient die jeweiligen Werbungen interpretieren würde.

## 7.3 Legende

Die Darstellungsweise der Beispiele in der empirischen Analyse ist derjenigen bei den bereits im theoretischen Teil aufgeführten Beispielen gleich: Die aufgeführten Werbungen sind durchnummeriert; der jeweiligen Nummer ist eine Kennzeichnung beigefügt, mit der Werbeanzeigen (A) und Werbespots (S) unterschieden werden. Sämtliche Werbeanzeigen, auf die in der Untersuchung eingegangen wird, finden sich – numerisch geordnet – im Anhang des Buchs.

Textinhalte aus der jeweiligen Anzeige bzw. dem jeweiligen Werbespot stehen in Kursivschrift, wobei die jeweils zu betrachtenden ambigen Textstellen durch Fettdruck hervorgehoben werden. Nötigenfalls werden Werbetexte in gekürzter Form wiedergegeben; Auslassungen sind dabei durch das Zeichen [...] markiert. In eckigen Klammern und in Standardschrift gesetzt sind Anmerkungen zum Visual-Inhalt. Ebenfalls in eckigen Klammern und Standardschrift stehen Angaben zur Darstellungsweise eines schriftlichen Textes (z. B. unterschiedliche Schriftgrößen oder Art der Textkomponente; hierbei wird zwischen Schlagzeile, Unterzeile, Fließtext und Slogan unterschieden, vgl. hierzu Janich 2001: 43ff.). Weiterhin finden sich in dieser Darstellungsweise ggf. relevante Angaben zum Sprecher eines mündlichen Textes. In runden Klammern am Schluss des jeweiligen Werbezitats stehen Name und ggf. Produkt der werbenden Firma sowie die Quelle, der die betreffende Werbung entnommen wurde. Bei Werbeanzeigen der Zeitschrift „Stern" sind an erster Stelle die Jahrgangs-Zahl 2005, anschließend die jeweilige Ausgaben-Nummer sowie an letzter Stelle die Seitennummer genannt; bei Werbespots ist der jeweilige Fernsehsender (ARD – „Das Erste", ZDF, RTL, Sat.1 oder N-TV) mit Sendedatum angegeben.

In Texten aus Werbespots werden zudem ambige Ausdrücke, die mündlich und schriftlich realisiert wurden, mit dem Zusatz [+s] gekennzeichnet, falls diese zweikanalige Präsentation für die Ambiguität eine Bedeutung hatte (wie etwa bei der Ambiguierung mit orthografischen Varianten, siehe Punkt 9.1., Abschnitt j). Mehrdeutige Ausdrücke in Werbespots, die ausschließlich in schriftlicher und nicht in mündlicher Form präsentiert wurden, sind durch den Zusatz [s] markiert. Alle ambigen Ausdrücke ohne Kennzeichnung wurden entweder nur in mündlicher Form realisiert, oder es fand zusätzlich zur mündlichen eine schriftliche Realisierung statt, die jedoch für das Sprachspiel nicht relevant war.

In der Analyse aufgeführte Bedeutungen von ambigen Ausdrücken sind zum Teil den Duden-Bänden 10 (Bedeutungswörterbuch) und 11 (Redewendungen), beide in der Auflage von 2002, entnommen.

# 8 Analyse: Makrotextuelle Einflüsse

Anhand des für die vorliegende Untersuchung gesammelten Datenmaterials sollen nachfolgend die Einflüsse untersucht werden, die einzelne Komponenten oder auch externe Umstände einer Werbeanzeige oder eines Werbespots auf eine sprachliche Mehrdeutigkeit ausüben können.

## 8.1 Übersicht: Makrotextuelle Faktoren für Ambiguität in der Werbesprache

Auf Basis der innerhalb der Untersuchung angetroffenen Fälle ist vorab festzuhalten, dass in einer Werbeanzeige oder einem Werbespot folgende Faktoren die Ambiguität eines sprachlichen Ausdrucks herbeiführen können:

- der Textzusammenhang;
- das Visual (d. h. das Bild bzw. die Szene);
- der Produktzusammenhang;
- äußere Umstände der Werbepräsentation, wie etwa das Werbemedium oder das thematische oder zeitliche Umfeld, innerhalb dessen eine bestimmte Werbung publiziert wird.[23]

Für die Auflösung (Disambiguierung) einer sprachlichen Mehrdeutigkeit – diese Auflösung findet statt im Fall von scheinbarer Ambiguität (siehe Punkt 4.3.1) – können in der Werbung folgende Faktoren ausschlaggebend sein:

- der Textzusammenhang;
- der Produktzusammenhang.

Mit dem Begriff „Produktzusammenhang" soll in dieser Abhandlung ein beim Rezipienten vorhandener Bewusstseinsrahmen bezeichnet werden, der durch die Kenntnis über ein Produkt, eine Dienstleistung oder einen Anbieter gebildet wird. Liegt eine solche Kenntnis vor, so besitzt der Rezipient insbesondere ein Bewusstsein darüber, welche Produktgattung im

[23] Nach Ansicht des Autors sind in der Fernsehwerbung als weitere Faktoren auch außersprachliche auditive Ereignisse vorstellbar; so könnte etwa ein Radiosender innerhalb eines Fernsehwerbespots einige Takte eines Musikstücks einspielen und die Aussage beifügen: „Das ist Musik in Ihren Ohren". Tatsächlich existierende Fälle dieser Art wurden jedoch innerhalb der vorliegenden Untersuchung nicht angetroffen und sind dem Autor auch nicht bekannt. Daher soll der grundsätzlich mögliche Ambiguierungs-Faktor „außersprachliche auditive Ereignisse" hier vernachlässigt werden.

konkreten Fall beworben wird und welche Produktgattung(en) der jeweilige Werbende generell herstellt, bzw. welche Dienstleistungen der Werbende im konkreten Fall bewirbt und generell anbietet. Dieses Bewusstsein kann in bestimmten Fällen eine Ambiguität auflösen, die durch den Textinhalt alleine noch nicht aufgelöst wird. (Ein solcher Fall liegt vor in der Fernsehwerbung des Garagentor-Herstellers Novoferm, die unter Punkt 8.2.2, Abschnitt d, behandelt wird.) In seltenen Fällen kann der Produktzusammenhang umgekehrt auch eine Ambiguität intensivieren. (Hier sei auf die Anzeige der Zeitschrift „Gala“ unter Punkt 8.2.1 verwiesen.)

Während der Produktzusammenhang bei jeder Werbung gegeben und ein Text in sämtlichen untersuchten Werbeanzeigen und -spots ebenfalls vorhanden ist, kann das Visual fehlen (siehe Punkt 8.2.1). Ein vorhandenes Visual kann entweder einen semantischen Bezug zum jeweiligen Spiel mit Ambiguität besitzen (siehe Punkt 8.2.2) oder ohne Verbindung zur ambigen Textstelle bleiben (siehe ebenfalls Punkt 8.2.1).

Nur in besonderen Fällen liegt ein Einfluss äußerer Umstände vor, die eine Ambiguität herbeiführen (siehe Punkt 8.2.3).

Der „Gesamtkontext der Werbung“ oder „Werbekontext“ wird durch die Faktoren Text, Visual, Produktzusammenhang und ggf. äußere Umstände der Werbung gebildet. Er ist dafür ausschlaggebend, ob in der betreffenden Werbung mehrere Bedeutungen eines ambigen Ausdrucks gültig sind (kontextgestützte Ambiguität) oder nur eine der Varianten passend ist (scheinbare Ambiguität). Der Text, das Visual, der Produktzusammenhang und die Umstände können in verschiedenen Konstellationen eine Ambiguierung bzw. Disambiguierung herbeiführen. Im Folgenden soll anhand einzelner Werbeanzeigen und Werbespots detailliert untersucht werden, wie diese Faktoren dabei zusammenwirken können.

## 8.2 Wirkung der Faktoren

Bei der Untersuchung des Einflusses, den die in Punkt 8.1 genannten Faktoren Text, Visual, Produktzusammenhang und äußere Umstände auf die Ambiguierung und ggf. Disambiguierung ausüben, soll eine Einteilung nach der Eigenschaft des Visuals vorgenommen werden: Werbeanzeigen, bei denen kein Visual vorhanden ist, sowie Anzeigen oder Werbespots, bei denen das Visual keinerlei Einfluss auf die Interpretation des mehrdeutigen Ausdrucks besitzt, werden unter Punkt 8.2.1 zusammengefasst. Anzeigen und Spots mit Text-Visual-Bezug finden sich unter Punkt 8.2.2; sie stellen die zentrale Gruppe der Analyse dar. Als Sonderfälle sollen abschließend unter Punkt 8.2.3 einige Beispiele untersucht werden, bei denen eine Ambiguität nur durch äußere Umstände einer Werbung zustande kommt.

### 8.2.1 Ambiguierung ohne Visual-Bezug

Diese Kategorie fasst Werbungen zusammen, die allesamt entweder gänzlich ohne Visual sind, d. h. von keinerlei Illustrationen (wie Fotos oder Zeichnungen) begleitet werden, oder lediglich ein Visual besitzen, das keinerlei semantischen Bezug zu der jeweils verwendeten Ambiguierung besitzt. Die (kontextgestützte oder auch nur scheinbare) Mehrdeutigkeit in einer Werbebotschaft wird somit nicht durch ein Visual bewusst gemacht, sondern allein durch den Text oder – wie in Beispiel 06 – durch den Produktzusammenhang. (Spezialfälle, bei denen Besonderheiten der Anzeigenpräsentation bzw. des Anzeigenumfeldes ausschlaggebend für eine Mehrdeutigkeit sind, werden unter Punkt 8.2.3 zusammengefasst.)

In den Beispielen 01 bis 04 liegt scheinbare, in den Beispielen 05 bis 09 kontextgestützte Ambiguität vor.

(01/A) [Schlagzeile:] ***Flocken*** *zum Fest.*
[Unterzeile:] *Bis zu 25 000 Euro.*
[Fließtext:] *Der Direkt Kredit. Schon ab 5,99 % effektivem Jahreszins. Da kommt Vorfreude auf: zum Beispiel mit einem Kredit in Höhe von 3000 Euro für nur 96,37 Euro monatlich. [...] Der Direkt Kredit. Schnell und einfach. Direct mehr fürs Geld.* (Volkswagen Bank Direct; Stern 2005/51/206)

*Flocken* hat in diesem Beispiel im Produkt- und letztendlich auch im Textzusammenhang die figurative, umgangssprachliche Bedeutung „Geld". Im allgemeinen Sprachgebrauch ist der Ausdruck jedoch in seiner – hier nicht gültigen – wörtlichen Lesart weitaus üblicher („Gegenstand aus leichter Substanz, der bei geringem Lufthauch fliegt oder schwebt"). Diese sprachliche Gewohnheit sowie der Zusammenhang mit dem Begriff *Fest* (sowie im Fließtext auch mit dem Begriff *Vorfreude*) legen den wörtlichen Sinn des Begriffs *Flocken* nahe – und hierbei die spezielle Bedeutung „Schneeflocken", da der Ausdruck *Fest* im Kontext als Synonym zu „Weihnachtsfest" zu verstehen ist. (Möglicherweise werden die Auslegungen „Schneeflocken" und „Weihnachtsfest" noch intensiviert, wenn der Leser diese Anzeige während der Weihnachtszeit liest oder sich bewusst ist, dass das Inserat um die Weihnachtszeit veröffentlicht wurde. Insofern mag hier ein äußerer Umstand der Werbepräsentation – siehe Punkt 8.2.3 – ebenfalls in die Interpretation einfließen. Allerdings ist nach Ansicht des Autors dieser externe Umstand für das Herbeiführen der wörtlichen Bedeutung – und damit der Ambiguität – nicht alleine ausschlaggebend, sondern diese wird durch den textlichen Zusammenhang der Begriffe *Flocken* und *Fest* bereits hinreichend aktiviert.) Auffallend ist in diesem Beispiel, dass nicht nur das Lexem *Fest* eine spezielle Bedeutung des vorausgehenden Lexems *Flocken* evoziert, sondern auch umgekehrt das Lexem *Flocken* seinerseits die Bedeutung des nachfolgenden Lexems *Fest* spezifiziert.

Die Interpretationsrichtung „Schneeflocken" wird allerdings durch die Unterzeile ebenso wie durch die Einbettung der Anzeige in eine „Stern"-Rubrik namens „Aufs Geld geschaut" widerlegt: Dort ist von Geld die Rede, was dazu führt, dass sich als letztendlich gemeinte Variante die figurative Bedeutung des Begriffs *Flocken* – und nur sie – herausstellt. Gemäß den Kategorien der Ambiguierungsverfahren nach Burger und Balsliemke (siehe Punkt 4.3.2, Abschnitt b) wird hier demzufolge die Motivierung angewandt.

(02/A) [Fließtext:] *[...] Mit unserer besonderen Kompetenz im Anlege- und Vermögensmanagement sichern und vermehren wir die geschaffenen Werte und den wirtschaftlichen Vorsprung unserer Region. Wir realisieren Träume von Groß und Klein, von Firmen und Familien, **über kurz oder lang.** [...]* (Südwestbank; Stern 2005/25/IIIB3)

*Über kurz oder lang* wird hier durch Wörtlichnehmen umgedeutet: Aufgrund ihrer Geläufigkeit ist diese Lexemfolge im Sprachbewusstsein des Rezipienten vermutlich primär als Phraseologismus lexikalisiert, der die Bedeutung „früher oder später, irgendwann auf jeden Fall" besitzt. Die vorausgehende Textpassage mit mehreren antithetischen Aufzählungen (*groß – klein, Firmen – Familien*) führt im vorliegenden Fall jedoch dazu, dass die Lexeme *kurz* und *lang* in diesen syntaktischen Parallelismus der Gegensätze einbezogen werden. Dadurch werden die konventionelle, wendungsinterne Bedeutung des Phraseologismus aufgebrochen und die wörtliche, wendungsexterne Bedeutung evoziert. (Zu den Begriffen „wendungsintern" und „wendungsextern" vgl. Hemmi 1994: 40.) Dass letztere hier als einzige Bedeutungsvariante gemeint sein kann, erschließt sich aus der Intention der Werbung: Es kann nicht im Interesse einer Bank sein, ihre Kunden damit zu vertrösten, dass sie „irgendwann einmal" ihre Wünsche erfülle; dies jedoch würde mit der phraseologischen Bedeutung ausgedrückt. Vielmehr ist davon auszugehen, dass die Bank damit werben will, auf die individuellen Wünsche des Kunden einzugehen – je nachdem, ob dieser ein kurz- oder ein langfristiges Projekt plant, das es zu finanzieren gilt.

(03/A) [Schlagzeile:] *Es gibt **nicht einen einzigen** Grund, sich eine Joker Jeans zuzulegen. Es sind immer mindestens fünf.* (Joker Jeans; Stern 2005/29/6)

Diese Anzeige wendet eine irreführende Negierungstechnik an: Geht der Konstruktion *ein(e) einzige(r/s)* das Wort *nicht* voran, so ergibt sich konventionell der Sinn *kein(e) einzige(r/s)*. Der Rezipient interpretiert die Aussage mithin zunächst dahingehend, dass es keinen Grund gebe, sich die beworbene Hose anzuschaffen – und dass der Werbende somit von seinem eigenen Produkt abrate. Dieser extrem verwunderliche Anschein wird durch den zweiten Satz ins genaue Gegenteil umgekehrt: Nunmehr wird dem Rezipienten klar, dass die Negation *nicht* in die andere Richtung hätte ausgelegt werden müssen – nämlich im Sinne, dass es mehr als einen vernünftigen Grund für den Kauf dieses Produkts gebe.

Hier liegt ein Fall von inszenierter Negativität vor, auf die unter Punkt 9.1, Abschnitt h, näher einzugehen sein wird. Ebenfalls mit dieser rhetorischen Strategie arbeitet das folgende Beispiel:

(04/A) [Schlagzeile:] ***Denken Sie auch mal an was anderes als an Geld?***
[Unterzeile:] *An Zinsen vielleicht?*
[Fließtext:] *Dann wird Ihnen das gefallen: hohe Zinsen ab dem ersten Euro. Bei freier Verfügbarkeit und kostenloser Kontoführung. Und selbstverständlich mit freundlichem Service und persönlicher Beratung am Telefon. Aber bitte nicht nur denken – rufen Sie uns an oder besuchen Sie uns.* (Volkswagen Bank direct; Stern 2005/01/127)

Das Inserat führt den Rezipienten in die Irre, indem es eine Erwartung konterkariert, die sich aus sprachpragmatischen Konventionen ergibt: Der Leser fasst die erste Frage spontan nicht als neutrale Frage auf, sondern (insbesondere aufgrund der Partikeln *auch mal*) als Vorwurf, dass er immer nur an Geld denke. Die Frage erhält somit zunächst eine negative Konnotation, die jedoch durch den weiteren Text aufgelöst wird: Die zweite Frage und die nachfolgende Textpassage geben dem Leser zu erkennen, dass er mit seiner anfänglichen Interpretation falsch lag – dass nämlich die erste Frage kein Vorwurf, sondern sprachpragmatisch neutral gemeint war. Der konventionell verfestigten Interpretationsmöglichkeit wird somit eine zweite, unübliche und dadurch überraschende Option gegenübergestellt, die im Gesamtkontext der Anzeige letztendlich auch alleine gemeint ist. Besonders effektvoll wird dieser pragmatische Wandel dadurch, dass die zweite Frage mit dem Begriff *Zinsen* unerwartet im Frame (Wissensrahmen)[24] „Geld“ verbleibt – nachdem die erste Frage scheinbar den Rezipienten dazu ermuntern wollte, nicht immer nur an Geld zu denken.

(05/A) [Fließtext:] *Häufig sind die Rohstoffpreise auf dem Weltmarkt erheblichen Schwankungen unterworfen – für die Metall verarbeitende Industrie hat dies oft Existenz bedrohende Konsequenzen. Denn zur Stahlerzeugung ist sie auf Steinkohle als Grundstoff für Koks angewiesen. Gut, dass die deutsche Steinkohle hier für mehr Planbarkeit und Unabhängigkeit sorgen kann – ihre Vorräte reichen schließlich noch für 400 Jahre. Sie gibt unserer Wirtschaft Versorgungssicherheit, und darum kann man sich darauf verlassen: Kohle* ***fördert*** *Deutschland. [...]* (Deutsche Steinkohle; Stern 2005/23/77)

[24] Zu diesem Begriff vgl. auch Dittgen 1989: 55ff.

In dem Satz *Kohle fördert Deutschland* überlagern sich eine syntaktische und eine semantische Ambiguität: Zwar wird *Kohle* aufgrund der konventionellen grammatikalischen Abfolge „Subjekt – Objekt" spontan als Subjekt aufgefasst und folglich *Deutschland* zunächst als (Akkusativ-)Objekt. Doch ist – bei einer bestimmten Betonung – auch die umgekehrte grammatikalische Konstellation möglich: Der Rezipient kann im Nachhinein seine Interpretation revidieren und folglich *Deutschland* als Subjekt, *Kohle* dagegen als Objekt deuten. Zusätzlich gestützt wird die zweite Möglichkeit durch die Ambiguität von *fördern*: Das Verb kann sowohl 1.) „unterstützen, voranbringen" als auch 2.) „(aus dem Innern der Erde) gewinnen" bedeuten. Mithin lässt sich der Satz *Kohle fördert Deutschland* mit drei verschiedenen Aussagen paraphrasieren: 1.) „Kohle sorgt dafür, dass Deutschland (wirtschaftlich) vorankommt"; 2.) „Deutschland setzt sich unterstützend für die (Gewinnung von) Kohle ein"; 3.) „Deutschland betreibt (intensiv) den Kohleabbau". Beim Rezipieren wird zwar vermutlich aufgrund der üblichen Erststellung des Subjekts das Wort *Kohle* spontan als Subjekt interpretiert, woraus sich eine Präferenz für die erste Deutungsmöglichkeit des Satzes ergeben würde. Der Textzusammenhang lässt jedoch alle drei Bedeutungen schlüssig erscheinen: Da Kohle ein wichtiger Energielieferant für die Industrie ist, bringt sie zum einen das Land wirtschaftlich voran und wird zum anderen intensiv abgebaut; aufgrund ihrer wirtschaftlichen Schlüsselrolle wird dieser Abbau zugleich vom Staat großzügig unterstützt (finanziell und/oder ideell).

(06/A) [Schlagzeile:] *Steffi Graf: Happy Housewife?* [Unterzeile:] *Diesen Donnerstag: Die Tennisikone berichtet exklusiv über ihr Familienleben und soziales Engagement.* [Slogan:] ***Eine Klasse für sich.*** (Gala; Stern 2005/25/156)

Als Phraseologismus bewertet die Formulierung *eine Klasse für sich* ein Objekt von außerordentlicher Qualität. Aufgrund der unmittelbaren Verbindung mit dem Logo der beworbenen Zeitschrift ist als dieses Objekt das angepriesene Produkt zu betrachten (Paraphrasierung: „ ‚Gala' ist eine Zeitschrift von besonderer Qualität"). Der wendungsinternen Bedeutung stellt jedoch der vorliegende Slogan eine zweite, wendungsexterne Aussage bei. Sie ergibt sich aus dem Wissen über den Inhalt dieser Zeitschrift und wird durch den elliptischen Satzbau des Slogans und die damit verbundene Omission des Subjekts (siehe hierzu auch Punkt 9.1, Abschnitt a) ermöglicht: Nach dieser Auslegung bleibt im Magazin „Gala" eine herausgehobene gesellschaftliche Schicht, eine Klasse, unter sich – d. h. der Leser muss hier nicht zugleich uninteressante Reportagen aus dem Leben von Prominenten zweiten Ranges über sich ergehen lassen, wie in zahlreichen billigeren Wochen-Illustrierten der Fall.

Folglich werden nicht nur die freie und die phraseologische Bedeutung des ambigen Ausdrucks simultan aktiviert, sondern parallel dazu auch zwei verschiedene Interpretationen des Begriffs *Klasse*: wendungsintern die Bedeutung „Qualität, Güte", wendungsextern hingegen die Bedeutung „gesellschaftliche Schicht". Es findet somit eine Literalisierung statt.

Die „Gala"-Werbeanzeige stellt einen besonderen Fall insofern dar, als aus dem Anzeigentext – der hier nur knapp ausfällt – noch nicht hinreichend zu erschließen ist, dass „Gala" im Wesentlichen nur ausgesprochen hochrangige Prominente zum Inhalt hat. Der Rezipient muss folglich das inhaltliche Profil dieser Zeitschrift kennen oder zumindest erahnen, um den Doppelsinn des Slogans erschließen zu können, d. h. um die wendungsexterne Bedeutung zu erkennen. Insofern ist hier nicht der Text, sondern der Produktzusammenhang für die Ambiguierung ausschlaggebend.

(07/S) [Slogan:] *Gutes* ***Geschäft.*** *Deichmann.* (Deichmann Schuhe; RTL 18.03.2006)

Das Wort *Geschäft* kann erstens eine kaufmännische Firma bezeichnen und zweitens für eine auf Gewinn abzielende Kauf- bzw. Verkaufsaktion stehen. Begünstigt wird die Mehrdeutigkeit durch den elliptischen Satzbau (siehe hierzu auch Punkt 9.1, Abschnitt a), der das Subjekt ausspart, und durch die Wahl des Adjektivs *gut*, das mit beiden Bedeutungsvarianten des Wortes *Geschäft* semantisch kompatibel ist. So können in den Slogan zwei Aussagen interpretiert werden: 1.) „Deichmann ist eine gute Schuhhandlung"; 2.) „Bei Deichmann machen Sie einen profitablen Kauf". Beide Bedeutungsvarianten sind gleichrangig; Text, Visual oder Produktzusammenhang geben keiner Variante den Vorrang.

(08/S) [Slogan:] *Hanuta. Schmeckt* ***so gut wie*** *hausgemacht.* (Hanuta; Sat.1 13.04.2006)

Das Lexem *gut* in dem vorliegenden Werbeslogan für einen Süßwarenartikel kann zum einen als (autonomes) Adverb zu dem vorangehenden Verb *schmeckt* gedeutet werden, zum anderen als Komponente des Phraseologismus *so gut wie*, der die Bedeutung „beinahe, fast, sozusagen" hat. Der Slogan lässt sich mithin in folgenden Varianten interpretieren: 1.) „Hanuta schmeckt so gut, als ob sie hausgemacht wäre"; 2.) „Hanuta schmeckt sozusagen hausgemacht".

Obwohl das Verb *schmeckt* eine gewisse Präferenz für die erstgenannte Deutungsmöglichkeit des Slogans nahelegt, ist die zweite (phraseologische) Option dennoch klar erkennbar, da sie beim Sprachbenutzer aufgrund ihrer Geläufigkeit lexikalisiert ist.

(09/A) [Fließtext:] *[D]er Peugeot 407 HDI bietet dank seines [...] 1,6-l-HDI-FAP-Triebwerks mit serienmäßigem Rußpartikelfilter ein* ***ungetrübtes*** *Fahrvergnügen ohne Feinstaub. [...]* (Peugeot 407; Stern 2005/23/43)

*Ungetrübt* hat die Bedeutungen: 1.) „klar, durchsichtig, ohne (verschmutzungsbedingte) Sichtbehinderung“ (wörtlich); 2.) „unbeeinträchtigt“ (figurativ). Beide Lesarten sind mit dem gegebenen Kontext kompatibel, wobei der Textzusammenhang teils eher die wörtliche, teils eher die figurative Bedeutung favorisiert: Während *Fahrvergnügen* als nicht-gegenständliches Substantiv semantisch eher die übertragene Lesart nahelegt, sprechen die Begriffe *Rußpartikelfilter* und *Feinstaub* stärker für eine wörtliche Interpretation. Es entsteht somit zwischen beiden Deutungsoptionen ein Spannungsverhältnis, das den Rezipienten zur Auflösung anregen mag (siehe hierzu Punkt 5.3, Abschnitt a), letztendlich allerdings unaufgelöst bleibt – und damit andererseits eine Deutungsfreiheit mit sich bringt (siehe Punkt 5.3, Abschnitt e).

### 8.2.2 Ambiguierung mit Visual-Bezug

Im Unterschied zur vorhergehenden Kategorie ist in den nachfolgenden Werbeanzeigen und -spots ein Visual vorhanden, das einen semantischen Bezug zum (bzw. zu einem) ambigen Ausdruck in der jeweiligen Werbung besitzt. Es realisiert entweder direkt (mindestens) eine Bedeutungsrichtung dieses Ausdrucks oder legt zumindest indirekt eine bestimmte Bedeutungsrichtung nahe – in einigen Fällen auch mehrere. (Eine direkte Realisierung liegt beispielsweise vor in der Anzeigenserie der „Frankfurter Allgemeinen Zeitung“, die mit dem Slogan *Dahinter steckt immer ein kluger Kopf* wirbt und diesen Slogan mit Abbildungen prominenter Personen beim Lesen dieser Zeitung verbindet. Demgegenüber kann eine indirekte Nahelegung etwa durch eine Metonymie-Beziehung wie in Anzeige Nr. 14 geschehen, in dem ein abgebildeter Geburtstagskuchen mit Kerzen die wörtliche Lesart von *einen langen Atem haben* bewusst macht.)

Folgende Fälle eines Bezugs zwischen Visualdarstellung und ambigem Ausdruck sollen unterschieden werden:

1.) Das Visual stützt eine Bedeutungsvariante, die im Gesamtkontext der jeweiligen Werbung – d. h. im Produkt- und meist auch schon im Textzusammenhang – <u>nicht</u> gemeint ist (Monosemierendes Visual bei Kontext-Visual-Divergenz; Begriffe „Kontext-Visual-Divergenz“ bzw. „-Konvergenz“ angelehnt an Kloepfer, er verwendet die Begriffe der „konvergenten“ und „divergenten Text-Bild-Beziehung“, zitiert nach Stöckl 1997: 123f.; Begriffe „monosemierend“ bzw. „polysemierend“ nach Janich 2001: 192). Fälle dieser Art werden im Abschnitt a untersucht.

2.) Das Visual stützt eine Bedeutungsvariante, die im Gesamtkontext der jeweiligen Werbung <u>als einzige Möglichkeit</u> gemeint ist (Monosemierendes Visual bei Kontext-Visual-

Konvergenz; Begriffe angelehnt an Kloepfer und Janich, s. o.). Beispiele finden sich im Abschnitt b.

3.) Das Visual stützt eine Bedeutungsvariante, die im Gesamtkontext der jeweiligen Werbung als eine von mehreren Möglichkeiten gemeint ist (Monosemierendes Visual bei partieller Kontext-Visual-Konvergenz; Begriffe angelehnt an Kloepfer und Janich, s. o.). Zu dieser Kategorie gehören die Werbungen im Abschnitt c.

4.) Das Visual stützt mehrere Bedeutungsvarianten eines ambigen Ausdrucks (polysemierendes Visual), von denen im Gesamtkontext der jeweiligen Werbung entweder nur eine oder aber mehrere gemeint sind. Beide Fälle waren im untersuchten Korpus anzutreffen, wobei allerdings in keiner Werbung sämtliche vom Visual eröffneten Bedeutungen auch im Produktzusammenhang aufrechterhalten blieben. Stattdessen aktiviert in Anzeige 32 das Visual drei Interpretationsrichtungen, von denen der Gesamtkontext nur zwei zulässt. Es liegt also zwar ein polysemierendes Visual vor, das mehrere gemeinte Bedeutungen realisiert, jedoch handelt es sich trotzdem nur um partielle (und keine komplette) Kontext-Visual-Konvergenz (Begriffe angelehnt an Kloepfer und Janich, s. o.). (Ein polysemierendes Visual mit nur einer im Kontext gültigen Bedeutung findet sich demgegenüber z. B. in Anzeige 33.) Visuale, die mehrere Bedeutungsvarianten realisieren, werden im Abschnitt d behandelt.

Von der Kontext-Visual-Divergenz zu unterscheiden ist die „visuelle Normabweichung" (Gaede 1992: 56ff.; Stöckl 1997: 279ff.): Sie steht allgemein für eine unerwartete visuelle Auslegung eines ambigen Ausdrucks. Die daraus entstehende Überraschung kann sich allerdings nicht nur durch den Widerspruch zwischen Visual und Werbekontext ergeben (wie bei der Kontext-Visual-Divergenz), sondern auch durch eine Diskrepanz zwischen der visualisierten und der beim Sprachrezipienten primär lexikalisierten Bedeutung eines ambigen Ausdrucks. (In Beispiel 18, einer Werbung für ein Haarpflegemittel, entspricht die visuelle Darstellung des Begriffs *Kratzbürsten* zwar dem Werbekontext – es liegt also keine Kontext-Visual-Divergenz vor –, doch widerspricht sie der konventionell lexikalisierten Bedeutung des Wortes, nämlich „unverträgliche Person"; somit enthält das Visual dennoch eine Normabweichung.)

Die nachfolgend untersuchten Beispiele werden nach den genannten vier möglichen Kategorien der Kontext-Visual-Beziehung differenziert. Dabei soll jeweils unterschieden werden, ob das Visual für das Erzeugen einer Ambiguität notwendig (obligatorisch) oder entbehrlich (fakultativ) ist. Obligatorisch ist ein Visual, das eine Bedeutungsvariante eines ambigen

Ausdrucks erst herbeiführt, die ansonsten inaktiviert bliebe (d. h. allein durch Text- und Produktzusammenhang nicht evoziert wird). Fakultativ hingegen ist ein Visual, das eine Bedeutungsvariante lediglich stützt, welche auch durch andere Komponenten der betreffenden Werbung (insbesondere durch den Textzusammenhang) bewusst gemacht wird.[25] Ein obligatorisches Visual ist mithin für die Ambiguierung ausschlaggebend, ein fakultatives Visual nicht; es intensiviert die bildlich realisierte Interpretationsrichtung oder eine Mehrdeutigkeit allenfalls.

Allerdings ist hervorzuheben, dass für die Einteilung in die Kategorien „obligatorisch" und „fakultativ" lediglich entscheidend ist, ob die betreffende Werbung auf ein Visual angewiesen ist, um sämtliche Bedeutungen des ambigen Ausdrucks bewusst zu machen. Hingegen beurteilt die Kategorisierung nicht, ob das Visual für die Attraktivität der Werbung ausschlaggebend ist oder nicht. Wie an den folgenden Beispielen deutlich wird, kann ein Visual grundsätzlich ein Spiel mit Ambiguität augenfälliger und origineller gestalten, auch wenn die Mehrdeutigkeit bereits aus dem Text hervorgeht. Somit kann festgehalten werden, dass selbst ein fakultatives Visual in vielen Fällen – obwohl rein für die Aktivierung einer Bedeutungsvariante nicht erforderlich – den Reiz der betreffenden Werbung wesentlich erhöht.

### a) Monosemierendes Visual bei Kontext-Visual-Divergenz: Das Visual stützt eine Bedeutungsvariante, die mit dem Werbekontext nicht kompatibel ist

In den folgenden Beispielen (10–14) greift das Visual eine Bedeutungsvariante auf, die im Produktzusammenhang letztendlich nicht gemeint ist. Es handelt sich hierbei bis auf Beispiel 13 ausschließlich um Fälle der scheinbaren Ambiguität. Somit findet eine Art „Splitting" der beiden Bedeutungen statt (Begriff nach Burger 2003: 162): Im Bild wird nur eine, im Kontext nur eine andere Bedeutung des Ausdrucks gemeint.

- Obligatorisches Visual:

(10/A) [1. Bild: Mann und Frau sitzen umschlungen nebeneinander, sehen einander verliebt in die Augen; 2. Bild darunter: mehrere Handys.]
[Schlagzeile:] *Zeit für schöne **Gespräche***
[Fließtext:] *Wenn man sich beim Telefonieren auf das Wesentliche konzentrieren möchte, erfüllen die Gigaset der C-Kategorie jeden Wunsch. Alle Funktionen, die man von einem modernen Telefon erwarten kann, findet man schnell und bequem dank der intuitiven Menüführung und* [sic!] *dem übersichtlichen Display. Und die starken Akkus lassen immer genügend Zeit für lange Gespräche an langen Abenden.* (Siemens Gigaset Handys; Stern 2005/49/IIIB1)

[25] Dieser Fall kann auch als „unterstützende Visualisierung" (Balsliemke 2001: 197) bezeichnet werden.

Während das erste Bild der Anzeige den Begriff *Gespräche* eindeutig im Sinne von „persönliche Gespräche" auslegt, ist im Werbekontext die Bedeutung „Telefongespräche" gemeint, die sich erst aus dem zweiten Bild und dem Fließtext erschließt. Das erste Bild ist somit obligatorisch; es schafft eine Deutungsvariante, die sich allein aus dem Text nicht ergibt (und die der Text letztendlich auch als nicht passend konterkariert).

(Daneben spielt die Anzeige auf rein sprachlicher Ebene, d. h. jenseits des Text-Visual-Bezugs, mit der pragmatisch doppeldeutigen Formulierung *Zeit für ...*: Diese kann zum einen die Aussage darstellen, dass der Nutzer dank der leistungsstarken Batterien des beworbenen Handys genug Zeit hat, mithilfe dieses Telefons ausgiebige Gespräche zu führen. Zum anderen kann die Wendung *Zeit für ...* als Aufforderung oder Wunsch des Werbenden interpretiert werden, dass der Verbraucher sich vermehrt schönen Telefongesprächen widmen solle. Diese Ambiguität bleibt latent bestehen, wenngleich der Fließtext die erste Deutungsweise stützt).

(11/A) [Bild: Kleines Kind steht am Klavier, drückt eine Taste.]
[Schlagzeile:] ***Wachstums*** *Potenzial*
[Fließtext:] *Erschließt sich langfristig durch Leistung und Engagement. In den nächsten Jahren planen wir Investitionen von rund 19 Mio. Euro. Ein Großteil davon fließt in die Modernisierung unserer Strom- und Gasnetze und in unsere Kraftwerke. So sichern wir die Energieversorgung von morgen und steigern den Wert des Unternehmens – damit Ihre Kinder von* Ihnen *nur die besten* ***Anlagen*** *bekommen. [...]* (e-on; Stern 2005/31/54f.)

*Anlagen* besitzt (unter anderem) die Bedeutungen: 1.) „Einrichtungen zur Energiegewinnung"; 2.) „Veranlagungen, Begabungen". Das Visual – das aufgrund seiner Dominanz vermutlich zuerst wahrgenommen wird – zeigt ein kleines Kind am Klavier; ein Motiv, das für die zweite Bedeutung sprechen würde. Diese Möglichkeit wird im Übrigen durch den Halbsatz ... *damit Ihre Kinder von Ihnen nur die besten Anlagen bekommen* gestützt. Der vorausgehende Text handelt jedoch von Energieversorgung (abgesehen vom Eingangssatz, der durch die Begriffe *Leistung* und *Engagement* zunächst noch die im Visual evozierte Bedeutung unterstützt); auf diese Weise wird der Begriff *Anlagen* bereits im Vorhinein eindeutig auf die Bedeutung „Einrichtungen zur Energiegewinnung" festgelegt. Trotzdem führt beim Erreichen des besagten Halbsatzes die Erinnerung an das Visual dazu, dass dem Rezipienten noch immer auch die Variante „Veranlagungen, Begabungen" latent im Bewusstsein ist – wenngleich sie mit dem Kontext nicht kompatibel ist. Das Visual erzeugt also zunächst einen Bewusstseinsrahmen („Klavierspielen"), der sich als mit dem Text- und Produktzusammenhang nicht vereinbar erweist, dennoch wird dieser Frame gegen Ende des

Textes unterschwellig erneut in Erinnerung gerufen. Hemmi (1994: 108) spricht vom Doppelswitching (siehe auch Abschnitt 8.2.4.2).

Im Übrigen beeinflusst das Visual auch die Interpretation der Schlagzeile *Wachstums Potenzial*: Während der Begriff *Wachstum* ohne das Bild ausschließlich auf die Expansion von industriellen Anlagen bezogen würde, wird aufgrund des Bildinhalts zunächst die Bedeutung „Körperliche und geistige Entwicklung eines Menschen“ evoziert; erst durch den Fließtext stellt sich diese Variante als ebenfalls nicht passend heraus.

(12/A) [Bild: Schneewanderer beim Bergaufstieg.]
[Slogan:] *DIE IDEALE ROUTE FÜR IHR VERMÖGEN.*
[Fließtext:] *Sichern Sie sich Ihren* ***Aufstieg.*** *BÖRSE ONLINE ist die Nummer eins unter Deutschlands Anlegermagazinen. Lesen Sie jetzt, wie* ***es für*** *Ihre Anlagen* ***hoch hinausgeht.*** *[...]* (Börse Online; Stern 2005/19/135)

*Aufstieg* hat die Bedeutungen: 1.) „Aufwärtssteigen“ (wörtlich); 2.) „finanzielle Aufwärtsentwicklung oder berufliche Verbesserung“ (figurativ). Der Text- und der Produktzusammenhang – es wird für ein Anlegermagazin geworben – machen klar, dass nur die figurative Bedeutung gemeint sein kann, nachdem das Visual auf den ersten Blick die wörtliche Deutung nahelegt (an die auch die Formulierung *wie es [...] hoch hinausgeht* nochmals erinnert) und damit eine Motivierung herbeiführt.

(13/A) [Bild: Schachfeld mit Figuren.]
[Schlagzeile: *Wissen,* ***wo es langgeht.***
[Unterzeile:] *Schwarz auf weiß lesen, was Deutschland* ***bewegt.*** (Frankfurter Rundschau; Stern 2005/43/213)

Das Bild visualisiert die wörtliche Lesart des Phraseologismus *wo es langgeht*, während der weitere Textverlauf und der Produktzusammenhang den Ausdruck zur phraseologischen Lesart hin („was zu tun ist“) disambiguieren. Folglich findet auch hier eine Motivierung statt.

Unaufgelöst bleibt hingegen die Mehrdeutigkeit des phraseologischen Ausdrucks *was Deutschland bewegt*, der somit eine Polysemantisierung darstellt. Der Phraseologismus weist erstens eine Ambiguität auf semantischer Ebene auf – *jemanden/etwas bewegen* kann in diesem Fall bedeuten: 1.) „jemanden/etwas in einen physischen Bewegungszustand versetzen“; 2.) „eine Veränderung bewirken“; 3.) „jemanden gedanklich überwältigen, vereinnahmen“; der Produktzusammenhang spricht allerdings nur für die figurativen Optionen 2 und 3, da es sich um eine (stark politisch orientierte) Tageszeitung handelt. (Bei einer Sport- oder Autozeitung käme die wörtliche Lesart, also Option 1, eher in Betracht.) Des Weiteren ist der gesamte Satz hinsichtlich seiner syntaktisch-grammatikalischen Relationen mehrdeutig: *Deutschland* kann sowohl Subjekt (Agens) als auch Objekt (Patiens) sein. Folglich sind im

Werbekontext drei phraseologische Deutungen der Unterzeile denkbar, die folgendermaßen paraphrasiert werden können: 1.) „[...] lesen, wodurch Deutschland verändert wird"; 2.) „[...] lesen, was Deutschland an Veränderungen zu leisten vermag"; 3.) „[...] lesen, wodurch Deutschland gedanklich vereinnahmt wird". Die Schachfiguren im Visual legen eine Variante nahe, in der Deutschland die Agens-Position besitzt, also die zweite Variante.

- Fakultatives Visual:

(14/A) [Bild: Geburtstagskuchen mit Alterszahl 100 und Kerzen.]
[Schlagzeile:] *Für einen **langen Atem** im Alter.*
[Fließtext:] *Länger leben zahlt sich aus. Denn die Allianz PrivatRente zahlt ein Leben lang. Garantiert.*
*Wir leben alle länger. Und mit der Allianz PrivatRente können Sie sich das auch leisten. Denn die zahlt und zahlt und zahlt – solange Sie leben. Schließlich sollen Sie im Alter einen **langen Atem** haben. Nicht nur zum Kerzenauspusten. Und wenn Sie wissen wollen, wie alt Sie statistisch werden, fragen Sie nach unserem Länger-Leben-Rechner. [...]* (Allianz PrivatRente; Stern 2005/47/101)

*Einen langen Atem haben* besitzt neben der wörtlichen die phraseologische Bedeutung „Ausdauer, Durchhaltevermögen besitzen", die sich in diesem Fall auf die finanziellen Möglichkeiten im Rentenalter bezieht. Aus dem Werbekontext wird ersichtlich, dass nur die phraseologische Bedeutung gültig ist (denn es wird für eine Rentenversicherung geworben und nicht für eine Einrichtung der inneren Medizin). Als Kontrast hierzu aktiviert das Visual jedoch (metonymisch) durch einen Geburtstagskuchen mit Kerzen die wörtliche Bedeutung; die Anzeige arbeitet folglich mit einer Motivierung. Allerdings wird die wörtliche Lesart durch die Anspielung *Nicht nur zum Kerzenauspusten* auch im Text vorübergehend bewusst gemacht. Insofern ist das Visual lediglich als Unterstützung für die Ambiguierung, jedoch nicht als dafür allein ausschlaggebend zu betrachten.

### b) Monosemierendes Visual bei Kontext-Visual-Konvergenz: Das Visual stützt die einzige mit dem Werbekontext kompatible Bedeutungsvariante

In den folgenden Fällen (15–18) liegt durchweg eine scheinbare Ambiguität vor. Im Unterschied zu den Beispielen unter Abschnitt a greift das Visual allerdings nunmehr die im Produktzusammenhang tatsächlich gemeinte Bedeutung eines mehrdeutigen Ausdrucks auf.

- Obligatorisches Visual:

(15/A) [Schlagzeile:] ***Fahrrad fahren** ist gut für den **Kreislauf.** Toll, dann fahr doch gleich zwei.* [Bild: Auto, mit 2 Fahrrädern beladen, fährt im Kreis.]
[Fließtext:] *„Wer sein Fahrrad liebt, der schiebt", sagt der Volksmund. Wir sagen: „Glaub nicht alles, was man so erzählt!" Schließlich gibt es den neuen Renault Modus mit dem praktischen Fahrradträger Vélofix. Der ist leicht zu montieren und kann pro-*

*blemlos zwei Fahrräder tragen. [...]* (Renault Modus und Fahrradträger Vélofix; Stern 2005/09/88f.)

Diese Werbeanzeige führt für zwei Begriffe aus der Schlagzeile eine nicht etablierte neue Bedeutung ein: Während *Fahrrad fahren* normalerweise nur im Sinne von „sich mittels eines Fahrrades fahrend fortbewegen" im Sprachbewusstsein des Rezipienten lexikalisiert ist, aktivieren hier das Bild und der Fließtext eine neue, unkonventionelle Bedeutung, nämlich „ein Fahrrad mittels eines Fahrzeugs transportieren". Dieser überraschende Wechsel führt eine weitere, ebenso unerwartete semantische Modifikation herbei: Auch der ebenfalls nur in einer anderen Bedeutung lexikalisierte Begriff *Kreislauf* (es bezeichnet konventionell die Blutzirkulation im Körper eines Lebewesens) wird durch das Bild umgedeutet: Nunmehr steht er für „Kurvenfahrverhalten (eines Autos)". Das Bild kann als obligatorisch eingestuft werden: Zwar wird die nicht-lexikalisierte Bedeutung von *Fahrrad fahren* auch durch den Fließtext aktiviert, der Ausdruck *Kreislauf* jedoch erhält seine neue Bedeutung nur durch das Visual – das ein im Kreis fahrendes Auto zeigt. Besonders intensiv wird der überraschende Effekt in diesem Fall dadurch, dass das Visual aufgrund seiner Platzierung (rechts unten) vermutlich erst nach der Schlagzeile wahrgenommen wird, die die umgedeuteten Begriffe enthält.

Bei beiden Ausdrücken sind im Produktzusammenhang nur die beiden neu aktivierten unkonventionellen Bedeutungen passend: Da es sich um eine Werbung für ein Auto mit einem Fahrradträger handelt, kann *Fahrrad fahren* hier ausschließlich im Sinne eines Fahrradtransports gemeint sein, *Kreislauf* kann sich nur auf die (im Bild auch dargestellte) Kurvenfahrt eines Autos beziehen. Allerdings ist anzumerken, dass auch diese Bedeutung des Wortes *Kreislauf* keinen rechten Sinn ergibt: Die Aussage, dass es für das Kurvenfahrverhalten eines Autos günstig sein soll, wenn mit diesem Auto ein Fahrrad transportiert wird, ist absurd. Es kann daher vermutet werden, dass für den Verfasser der Anzeige nur das kuriose Wortspiel wichtig war und ein sinnvoller Satzinhalt nebensächlich erschien.

- <u>Fakultatives Visual:</u>

(16/A) [1. Bild: schmucke Hausfassade.]
[Schlagzeile:] *Was finden Sie oft hinter den schönsten* ***Fassaden?***
[2. Bild: Wohnzimmer.]
[Schlagzeile:] *Einrichtungen von Schildknecht, Stuttgart.* (Schildknecht Einrichtungen; Stern 2005/41/146)

Die Anzeige spielt mit der Ambiguität des Begriffs *Fassade*; dieser hat die Bedeutungen: 1.) „Hausfront" (wörtlich); 2.) „(trügerischer) äußerer Schein" (figurativ). Mit dieser Ambiguität geht ein Konnotationswechsel einher: Während die erste Bedeutung eine neutrale Aussage enthält, schwingt in der zweiten Bedeutung ein abwertender Nebensinn mit (siehe auch Punkt 9.1, Abschnitt h). Die Verbindung mit dem Superlativ des positiven Adjektivs *schön* bewirkt bei der ersten Interpretationsmöglichkeit tatsächlich eine Aufwertung des Bezeichneten, in der zweiten Variante dagegen wird lediglich ein positiver Anschein ausgedrückt, dem die dahinter verborgene negative Wirklichkeit gegenübersteht.

Während das Visual die wörtliche (und neutral oder positiv konnotierte) Lesart des Wortes *Fassade* aufgreift, bewirkt der Text mit der superlativischen Wortverbindung *hinter den schönsten Fassaden* spontan eher die figurative (und negativ konnotierte) Lesart. Diese zweite Deutung wird dadurch noch begünstigt, dass die beiden Lesarten sich nicht grundsätzlich ausschließen, sondern auch miteinander kompatibel sein können: Eine attraktive Hausfront kann zugleich ein Trugbild sein, das über negative Eigenschaften des Hausinneren oder seiner Bewohner zu täuschen vermag. Insofern kann auch der nachfolgende Antwortsatz *Einrichtungen von Schildknecht, Stuttgart* die negativ konnotierte zweite Bedeutungsvariante nicht völlig inaktivieren.

Lediglich das Grundwissen des Rezipienten um die Textsorte Werbung ermöglicht es ihm, die negative Option auszuschließen und die positive Variante als einzig gültige zu identifizieren: Der Leser weiß, dass eine werbende Firma nicht daran interessiert ist, ihr Produkt als minderwertig darzustellen; hieraus schließt er, dass eine negativ erscheinende Aussage lediglich irritierend wirken soll und in Wahrheit eine positive Botschaft enthält. (Zu dieser Basispräsupposition siehe auch die Punkte 5.2 sowie 9.1, Abschnitt h, und 9.2.) Auf diese Weise identifiziert der Rezipient die wörtlich gemeinte Bedeutung „Hausfront" als die einzig gültige.

Dennoch birgt nach Ansicht des Autors die hier nicht vollständig aufgelöste negative Aussage das Risiko, dass der Rezipient im Unterbewusstsein einen ungünstigen Eindruck von dem angepriesenen Produkt bekommt. Die vorliegende Werbung und das verwendete Spiel mit unterschiedlichen Konnotationen scheinen insofern nicht rundum geglückt.

Das Visual kann als für die Ambiguierung fakultativ betrachtet werden, da auch der Textzusammenhang mit seiner Kontrastierung beide Bedeutungen des Wortes *Fassade* hinreichend bewusst macht.

(17/A) [Bild: scheinende Sonne.]
[Schlagzeile:] *Strom* ***aus heiterem Himmel.***
[Fließtext:] *Das Prinzip ist genial – das Ergebnis die Energie der Zukunft. Solarstrom ist leise, sicher, umweltfreundlich und von Natur aus unerschöpflich.* (Sharp Solar; Stern 2005/11/195)

Hier liegt das Wörtlichnehmen eines Phraseologismus vor. Die Wendung *aus heiterem Himmel* ist im Sprachbewusstsein des Rezipienten (primär) in übertragener Lesart gespeichert, d. h. im Sinne von „plötzlich, unerwartet" – meist zur Beschreibung eines negativen Ereignisses, das überraschend eintritt. In der vorliegenden Werbung jedoch wird die Wortverbindung ausschließlich wörtlich (und ohne negativen Nebensinn) gemeint – wie aus Text und Produktzusammenhang klar wird (siehe auch Punkt 4.3.2, Abschnitt bb). Das Visual ist für die Ambiguierung insofern fakultativ, als die gemeinte wörtliche Bedeutung auch durch den Text ins Bewusstsein gerufen wird.

Das Verfahren des Wörtlichnehmens lässt sich auch auf Einzelwörter anwenden:

(18/S) *Störrisches, strapaziertes Haar? Stop! Gliss Kur Asia Beauty! Hochleistungsformeln mit Soja-Proteinen und Lotus geben Geschmeidigkeit und edlen Glanz. Die Gliss Kur Asia Beauty-Linie von Schwarzkopf. – Macht selbst* ***Kratzbürsten*** *gefügig* [Szene: Haarbürste beim Kämmen]*: Asia Beauty Hydra Öl. Für 50 % verbesserte Kämmbarkeit [...].* (Schwarzkopf Gliss Kur Asia Beauty; Sat.1 29.03.2006)

Der Ausdruck *Kratzbürste* dürfte eher in seiner figurativen Bedeutung „unverträgliche (weibliche) Person" etabliert sein als in der wörtlichen Lesart „Frisier-Bürste, die (im Haar) kratzt". Darüber hinaus wird die konventionelle, übertragene Bedeutungsvariante auch durch das anthropomorphe Adjektiv *gefügig* unterstützt, das (wörtlich genommen) nur auf Lebewesen bezogen werden kann. Entgegen diesen Nahelegungen ist der Begriff *Kratzbürste* jedoch im vorliegenden Kontext nicht figurativ, sondern (ausschließlich) wörtlich gemeint; dies geht bereits aus dem Textzusammenhang eindeutig hervor, so dass das Szenenbild – es zeigt eine Haarbürste beim Kämmen – lediglich intensivierenden Charakter hat.

#### c) Monosemierendes Visual bei partieller Kontext-Visual-Konvergenz: Das Visual stützt eine von mehreren Bedeutungsvarianten, die mit dem Werbekontext kompatibel sind

Auch in den Fällen 19–28 realisiert das Visual eine im Werbekontext korrekte Bedeutung eines ambigen Ausdrucks. Der Unterschied zu den Beispielen in Abschnitt b besteht darin, dass nunmehr der Produktzusammenhang tatsächlich mehrere Bedeutungen zulässt, von denen das Visual eine Variante aufgreift; es liegt nunmehr also kontextgestützte Ambiguität vor – meist in Form von Polysemantisierung, im Fall 28 durch Literalisierung.

- <u>Obligatorisches Visual:</u>

(19/S) [Szene: Verkaufsraum des Kaffeehauses Dallmayr in München.] *Es ist nur eine kleine Geste.* [Szene: Hand bindet Schürze.] *Es ist nur ein Detail.* [Szene: Hand prüft Gewichte für Waage und putzt Namensschild.] *Und manchmal ist es nur ein kleiner* ***Augenblick.*** [Szene: Frau blickt in Richtung eines Kunden, der außerhalb des Fernsehbildes steht.] *Es sind die kleinen Dinge, die das Gute besonders machen.* [Szene: Verkäuferin gibt dem Kunden eine Packung Kaffee.] *Dallmayr Prodomo. Vollendet veredelter Spitzenkaffee.* (Dallmayr Prodomo; ARD 10.01.2006)

Dieser Fernsehwerbespot spielt beim Begriff *Augenblick* mit der nicht etablierten wörtlichen Bedeutung „Blick mit den Augen"; im Sprachbewusstsein des gewöhnlichen Zuschauers ist für dieses Wort nur die figurative Bedeutung „Moment" gespeichert. Das Szenenbild stellt die wörtliche Variante dar, indem parallel zur betreffenden Textpassage die Verkäuferin im Münchner Kaffeehaus Dallmayr ihren Kunden anblickt. Das Visual ist für die Ambiguierung obligatorisch, da nur der Inhalt des Szenenbildes die wörtliche Bedeutung von *Augenblick* bewusst macht und somit eine Ambiguität dieses Ausdrucks evoziert; allein aufgrund des Textes würde der Rezipient den Begriff vermutlich nicht wörtlich interpretieren.

Die Polysemie wird nicht eindeutig aufgelöst, da aufgrund des sehr abstrakten Textinhalts – der eine offene Referenz enthält – durchgehend beide Bedeutungen denkbar sind: Der Kunde kann beim Kauf im werbenden Kaffeehaus durch einen kurzen Moment, in dem etwas Entscheidendes geschieht, eine „Besonderheit" erleben – und ein solches Erlebnis kann im Speziellen der charmante Blick der Verkäuferin sein. Beide Bedeutungsvarianten von *Augenblick* haben darüber hinaus kaum einen Bezug zu dem beworbenen Produkt (Kaffee), was die Präferenz für eine bestimmte Lesart erschwert. (Allenfalls könnte die Vermutung des Rezipienten, dass der Werbespot den besonderen Charme des Dallmayr-Personals hervorheben wolle, einen gewissen Vorzug für die wörtliche Lesart des Wortes *Augenblick* ergeben.)

(20/S) [Szene: Gläser mit Wasser; Hustengeräusch; Gläser vibrieren.] *Jetzt ACC-akut Hustenlöser.* [Szene: Tablette wird in Wasserglas geworfen.] *Die einfache* ***Lösung*** *gegen Husten. Nur einmal täglich. ACC-akut Hustenlöser. Von Hexal.* (Hexal ACC-akut-Hustenlöser; ARD 10.01.2006)

Der Werbespot macht sich den polysemen Begriff *Lösung* zunutze, der in drei Bedeutungen mit dem Produktzusammenhang vereinbar ist: 1.) „Ausweg aus einem Problem" (nämlich dem des Hustens); 2.) „Lösen eines festsitzenden Objekts" (z. B. von Schleim bei einer Erkältung); 3.) „Flüssigkeit, in der ein chemischer Stoff gelöst ist". Zwar können – streng genommen – mit dem Satzzusammenhang nur Möglichkeit 1 und 2 semantisch in Einklang gebracht werden: *Lösung* im Sinne von „Flüssigkeit" ist mit dem Adjektiv *einfach* nicht kompatibel. Jedoch dürfte aufgrund des Produktzusammenhangs auch die dritte Bedeutung im Sprachbewusstsein des Rezipienten hinreichend aktiviert werden (wenngleich – genau genommen – das Medikament selbst nicht flüssig ist, sondern vor dem Einnehmen in Flüssigkeit aufgelöst werden muss).

Für die vollständige Evokation aller drei Bedeutungsvarianten ist das Zusammenwirken von Text und Visual erforderlich: Während der Text lediglich die Bedeutungsvarianten 1 und 2 aufgreift (aus dem Text geht nicht hervor, dass das beworbene Medikament in Wasser aufzulösen und dann flüssig ist), realisiert das Visual (ausschließlich) Variante 3.

(21/S) [Szene: Älterer Mann dirigiert eine Band im Freien, hat Schmerzen.] *Gelenkschmerzen können einen ganz schön* ***aus dem Rhythmus bringen.*** *Jetzt neu: Dolormin GS mit Naproxen. Der schmerzstillende, entzündungshemmende Wirkstoff dringt zum Schmerz vor und nimmt die Beschwerden. [...]* (Dolormin GS; ARD 30.01.2006)

*Jemanden aus dem Rhythmus bringen* hat neben seiner wörtlichen Bedeutung den phraseologischen Sinn „jemanden durcheinanderbringen, jemanden negativ beeinträchtigen". Im Textzusammenhang sind beide Lesarten passend, wobei die wörtliche nur in einer sehr speziellen Situation zutrifft (nämlich im Fall, dass tatsächlich ein Musiker oder Dirigent durch Rückenschmerzen beim Musizieren bzw. Dirigieren beeinträchtigt wird). Diese Situation wird durch das Szenenbild wiedergegeben und nur durch dieses ins Bewusstsein gerufen.

(22/S) *Verschmutzte Toiletten, verstopfte Abflüsse, dreckige Fliesen: Ein Problem für manche Reiniger. Jetzt neu: Der Cillit Bang Schmutz- und Abflussreiniger schafft das alles. Diese vollkommen verdreckte Toilette:* [Szene: Cillit-Reiniger wird rundum am Schüsselrand aufgespritzt.] ***Im Handumdrehen*** *wieder strahlend sauber. [...] Cillit Bang. Und der Schmutz ist weg.* (Cillit Bang Reiniger; Sat.1 29.03.2006)

Der Ausdruck *im Handumdrehen* ist beim Rezipienten vermutlich primär in seiner phraseologischen Bedeutung „schnell und mühelos" lexikalisiert und kaum im wörtlichen Sinne von „durch eine drehende Handbewegung". Jedoch sind im Produktzusammenhang beide Lesarten gleichermaßen gemeint. Das Szenenbild zeigt den Benutzer des beworbenen Reinigungsmittels, der durch eine drehende Handbewegung die Flüssigkeit aus der Flasche ringsum in die Toilettenschüssel einspritzt. Allein durch diese visuelle Darstellung dürfte dem Zuschauer die wörtliche Bedeutung des Phraseologismus *im Handumdrehen* bewusst werden; das Visual verleiht diesem Ausdruck mithin eine Zusatzbedeutung, die der Text allein kaum nahelegen würde.

- Fakultatives Visual:

(23/A) [Bild: Handys im Geschenke-Sack.]
[Schlagzeile:] *Geschenke,* ***über*** *die man spricht*
[Fließtext:] *Schenken Sie etwas, das der ganzen Familie Freude macht. Zum Beispiel Gigaset – da gibt es für jeden das richtige Schnurlostelefon. [...]* (Siemens Gigaset Handys; Stern 2005/49/IIIB1)

Die Schlagzeile dieser Werbung spielt mit der Ambiguität der Präposition *über*; diese kann interpretiert werden: 1.) als Präposition zur Kennzeichnung eines Gesprächsthemas; 2.) als

Präposition mit der Bedeutung „mittels“ zur Kennzeichnung eines Kommunikationsweges. Daraus ergeben sich für die Schlagzeile die Paraphrasierungen: 1.) „Geschenke, von denen (viel) gesprochen wird“; 2.) „Geschenke, mithilfe derer man (Telefon-)Gespräche führt“. Allein durch die Schlagzeile realisiert der Rezipient vermutlich nur die erste Bedeutung; lediglich die Abbildung verschiedener Handys macht in diesem Stadium der Wahrnehmung die letztere Variante bewusst. Im Nachhinein allerdings legt auch der Fließtext diese zweite Möglichkeit nahe; somit ist das Visual schlussendlich für die Ambiguierung entbehrlich.

(24/A) [Bild: Fleurop-Kuriere mit Blumensträußen.]
[Fließtext:] *Sie können Ihrer Mutter am 8. Mai nicht nahe sein? Können Sie doch. Denn unsere Muttertagssträuße erreichen in 150 Ländern weltweit ihr Ziel: das Herz. [...]*
[Slogan:] *Fleurop* ***bringt's.*** (Fleurop Muttertagssträuße; Stern 2005/19/157)

Der Phraseologismus *jemand/etwas bringt es/bringt's* enthält die Bedeutungen: 1.) „jemand/etwas liefert es [= das zuvor Genannte]“ und 2.) „jemand/etwas ist ausgezeichnet“. Da ein Blumenkurier-Dienst sowohl Waren liefert als auch ausgezeichnet sein kann, werden beide Bedeutungen durch den Text- und den Produktzusammenhang aufrechterhalten – wobei der Inhalt des Fließtextes und das Visual eher die wörtliche Lesart stützen. Das Bild hat fakultativen Charakter, da der Text bereits die wörtliche Lesart nahelegt (die phraseologische Bedeutung dürfte aufgrund der Geläufigkeit dieses Phraseologismus ohnehin präsent sein).

(25/S) [Bild: fahrender Citroën.] *Der Citroën C5 ist der erste Wagen mit affinem* [sic!] *Spurassistent. Sollten Sie ab einer Geschwindigkeit von 80 Stundenkilometern die weiße Fahrbahnlinie unbeabsichtigt überfahren, warnt Sie das System über einen Vibrationsalarm, damit Sie sofort reagieren können. Aktive Sicherheit, die Ihr Leben retten kann. Der Citroën C5. Mit bis zu 5000 Euro Ersparnis.*
[Slogan:] *Nichts* ***bewegt*** *Sie wie ein Citroën.* (Citroën C5; RTL 13.03.2006)

*Jemanden bewegen* bedeutet: 1.) „jemanden (physisch) in einen Bewegungszustand versetzen, jemanden transportieren“ (wörtlich); 2.) „jemanden gedanklich überwältigen, vereinnahmen“ (figurativ). Beide Bedeutungen des Phraseologismus sind im Kontext passend: Ein Auto kann nicht nur den Benutzer transportieren, sondern auch dem Betrachter außerordentlich imponieren und ihn dadurch gedanklich beschäftigen. Im Vordergrund dürfte beim Rezipienten allerdings die wörtliche Lesart stehen, da sie im Zusammenhang mit einem Auto naheliegt. Diese Lesart wird zudem durch den Textinhalt (es ist vom Autofahren die Rede) gestützt. Das Visual, das ein fahrendes Auto der Marke Citroën zeigt, ist somit fakultativ, da es diese wörtliche Bedeutungsvariante lediglich stützt, ohne sie jedoch erst ins Bewusstsein rufen zu müssen.

(26/A) [Bilder: Bundeskanzler Gerhard Schröder und CDU-Oppositionsführerin Angela Merkel am Rednerpult.]
[Schlagzeile oben:] ***Nummer eins** wird man nur mit dem richtigen **Programm.***
[Schlagzeile unten:] *Die Bundestagswahl live. Am 18.9. ab 17 Uhr auf N24.*
[Fließtext:] *N24 ist Deutschlands Nachrichtensender Nummer eins. Kommen Sie zur Sache: Holen Sie N24 auf Ihrer Fernbedienung weiter nach vorne. [...]* (N24; Stern 2005/37/168)

Diese Anzeige des Nachrichtensenders N24 spielt in ihrer Schlagzeile mit offener Referenz: zum einen durch den semantisch vagen Ausdruck *Nummer eins*, zum anderen durch den polysemen Begriff *Programm*. Das (vermutlich als Erstes wahrgenommene) Visual legt die Bezeichnung *Nummer eins* im Sinne von „Regierungschef" aus, den Begriff *Programm* in der Bedeutung „Wahl-/Parteiprogramm". Somit evoziert das Bild die Aussage: „Regierungschef wird man nur mit dem richtigen Wahlprogramm" – die auch durch den zweiten Teil der Schlagzeile gedeckt ist.

Auf weitere Bedeutungsrichtungen lassen der Fließtext und der Produktzusammenhang schließen: *Programm* erhält hier erstens den Sinn „Programminhalt eines Fernsehsenders" und zweitens die Bedeutung „Fernsehsender". Der erstgenannte Fall eröffnet auch für *Nummer eins* wiederum zwei Deutungsoptionen: Zum einen kann damit ein Marktführer unter den Fernsehsendern gemeint sein (was im Fließtext angedeutet wird durch den Satz *N24 ist Deutschlands Nachrichtensender Nummer eins*); dadurch ergäbe sich für die Schlagzeile die Werbebotschaft: „Um Marktführer zu werden, muss ein Fernsehsender den richtigen Programminhalt bieten." Alternativ kann jedoch *Nummer eins* auch einen Programmplatz im Fernsehgerät (und damit auch auf der Fernbedienung) bezeichnen, den der werbende Sender beanspruchen möchte (z. B. aufgrund seiner marktführenden Position). Diese Variante wird evoziert durch die Aufforderung im Fließtext: *Holen Sie N24 auf Ihrer Fernbedienung weiter nach vorne.* In diesem Fall lässt sich die Schlagzeile so paraphrasieren: „Damit ihm der Zuschauer einen vorderen Programmplatz im Fernseher einräumt, muss ein Sender den richtigen Programminhalt bieten." Steht *Programm* hingegen in der Bedeutung „Fernsehsender", so ist mit *Nummer eins* der Konsument gemeint, der dank der Qualität dieses Senders optimal informiert sei; die Werbeaussage lautet dann: „Bestmöglich informiert wird man als Fernsehzuschauer nur, wenn man den richtigen Sender nutzt." Durch das Zusammenwirken zweier mehrdeutiger Ausdrücke entstehen somit für den oberen Teil der Schlagzeile vier mögliche Aussagen.

Von den zahlreichen Interpretationsmöglichkeiten der Begriffe *Nummer eins* und *Programm* wird, wie erwähnt, durch das Bild zunächst jeweils eine Option nahegelegt, nämlich „Regierungschef" und „Wahl-/Parteiprogramm". (Diese Interpretationsmöglichkeiten evoziert allerdings auch der Begriff *Bundestagswahl* im Fließtext; das Bild ist daher für die Ambiguierung fakultativ.) Der Fließtext fügt anschließend die anderen Optionen hinzu. Im Textzusammenhang dieser Werbung ergeben alle Bedeutungsvarianten der Schlagzeile eine sinnvolle Aussage; allerdings sind die durch das Bild evozierten Varianten im Produktzusammenhang nur indirekt passend: nur insofern nämlich, als sie auf die Bundestagswahl anspielen, die der werbende Fernsehsender als Programmschwerpunkt ankündigt. Daher kann die Deutungsoption „Regierungschef wird man nur mit dem richtigen Wahlprogramm" lediglich als indirekte Werbeaussage betrachtet werden: Der Sender kann nur damit werben, dass er zeige, welcher der beiden Politiker nach der Wahl „Nummer eins" wird und somit im Wahlkampf das „richtige Programm" geboten hat. Hingegen ist die Schlagzeile nicht dahingehend interpretierbar, dass das werbende Unternehmen selbst in der Lage sei, Politiker zu einem solchen (Wahl- bzw. Partei-)Programm zu beraten (denn das Unternehmen ist ein Fernsehsender und nicht etwa eine politische Beraterfirma). Im Gegensatz zu vielen anderen Anzeigen des Korpus ist hier eine Bedeutungsvariante der Überschrift also suggestionsfrei.

(27/A) [Bild: Berliner Philharmoniker auf der Konzertbühne, alle lesen die Frankfurter Allgemeine Zeitung.]
[Slogan:] ***Dahinter steckt*** *immer ein* ***kluger Kopf.*** (Frankfurter Allgemeine Zeitung; Stern 2005/03/44f.)

Die Ambiguität des bekannten Slogans der „Frankfurter Allgemeinen Zeitung" geschieht durch das Verbinden dieses Werbespruchs mit dem Produktnamen: Der Name einer Zeitung als Objekt lässt den Phraseologismus *hinter etwas stecken* in beiden Lesarten sinnvoll erscheinen – sowohl in der wörtlichen Bedeutung „sich hinter einem Objekt befinden" als auch im übertragenen Sinn „Urheber von etwas sein". Darüber hinaus kann die Komponente *Kopf* innerhalb des zweiten Phraseologismus *kluger Kopf* doppeldeutig aufgefasst werden: Sie kann sowohl für den entsprechenden Körperteil eines klugen Menschen als auch metonymisch für diesen Menschen im Ganzen stehen. Die Kombination der beiden Phraseologismen eröffnet somit insgesamt vier verschiedene im Werbekontext passende Bedeutungen, die folgendermaßen paraphrasiert werden können: 1.) „Der Inhalt der Frankfurter Allgemeinen Zeitung wird immer von klugen Menschen erdacht"; 2.) „Der Inhalt der Frankfurter Allgemeinen Zeitung wird immer vom Kopf eines klugen Menschen erdacht"; 3.) „Hinter einem Exemplar der Frankfurter Allgemeinen Zeitung verbirgt sich immer ein kluger Leser"; 4.) „Hinter einem Exemplar der Frankfurter Allgemeinen Zeitung verbirgt sich immer der Kopf eines klugen Lesers".

Das Visual realisiert die wörtlichen, hier mit Nummer 3 und 4 bezeichneten Bedeutungen. Da allerdings der verwendete Phraseologismus *hinter etwas stecken* nur einen geringen Grad an

Idiomatizität besitzt und seine wörtliche Bedeutungsebene daher auch ohne Bild sehr leicht erkennbar ist – zumal in Verbindung mit einem Zeitungsnamen –, kann das Bild als für die Ambiguierung nicht unbedingt erforderlich betrachtet werden.

(28/S, A) *Neu: Bertolli La Bruscetteria. Der ganze Geschmack Italiens* ***mit einem Streich.*** [Szene im Spot: Aufstrich wird aufs Brot gestrichen / Bild in der Anzeige: Bestrichene Brote und Streichmesser.] *Neu: Bertolli La Bruscetteria. Bei Feinkostsalaten.* (Bertolli La Bruscetteria; RTL 09.01.2006; Stern 2005/35/4)

Dieser Slogan wurde innerhalb der vorliegenden Analyse sowohl in der Print- als auch in der Fernsehwerbung angetroffen.

Der Phraseologismus *mit einem Streich* wird doppeldeutig verwendet: 1.) im phraseologischen Sinn von „aufs Mal"; 2.) im wörtlichen Sinn von „durch eine Streichbewegung" (z. B. des Messers auf dem Brot). Letztere Lesart wird in der Anzeige durch bestrichene Brote und ein daneben liegendes Streichmesser visuell dargestellt. Der Film stellt den Phraseologismus in direkterer Form dar, indem er die streichende Bewegung eines Messers zeigt. Dennoch kann das Visual als fakultativ betrachtet werden, da bereits der Text und der Produktzusammenhang – es wird für einen Brotaufstrich geworben – die wörtliche Lesart des Phraseologismus hinreichend aktivieren.

Eine Besonderheit des polysemen Ausdrucks *mit einem Streich* ist, dass er mit einer Literalisierung arbeitet: Die derivationelle Basis, von der die Redewendung abstammt, bezieht sich nicht auf die Streichbewegung eines Messers, sondern auf einen (Fecht-)Hieb (der in veraltetem Sprachgebrauch als „Streich" bezeichnet wird; vgl. hierzu Röhrich 2001: 1568; Duden Redewendungen 2002: 740 sowie Punkt 4.3.2, Abschnitt bd, in diesem Buch).

### d) Polysemierendes Visual: Das Visual stützt mehrere Bedeutungsvarianten

Die folgenden Werbeanzeigen und -spots (29–35) arbeiten mit der gekonnten Realisierung mehrerer Bedeutungen eines ambigen Ausdrucks. Dabei kann sich die Ambiguität im Produktzusammenhang als scheinbar (wie in den Fällen 29, 30, 31, 33, 34 und 35) oder aber als kontextgestützt herausstellen (wie in Beispiel 32).

- <u>Obligatorisches Visual:</u>

(29/A) [Bilder: Rudermannschaft beim Rudern (groß); Scherblatt eines Rasierapparates (klein); Rasierapparat in Ganzaufnahme (klein).]
[Schlagzeile:] *Jeder* ***Zug*** *zählt.*
[Fließtext:] *[...] Sie wünschen sich eine gründliche Rasur. Und je weniger Züge Sie dafür benötigen, desto besser. [...]* (Philips Smart Touch-XL Rasierer; Stern 2005/47/173)

Von den drei Visualen dieser Anzeige dominiert aufgrund seiner Größe klar das Bildmotiv der Rudermannschaft; es führt eine Kontextkombination herbei, die zwei extrem unterschiedliche Frames aufeinander prallen lässt (Rudern vs. Rasieren); einer von diesen (das Rudern) spielt im Produktzusammenhang keine Rolle. Es liegt also eine nur partielle Kontext-Visual-Divergenz vor. Durch diese Konfrontation des Werbekontextes mit einer völlig inkompatiblen Visualisierung des Wortes *Zug* entsteht ein besonderer Überraschungseffekt. Nur durch die Abbildung der Rudermannschaft wird dabei die Mehrdeutigkeit von *Zug* bewusst gemacht; das Bild ist somit für die Ambiguierung ausschlaggebend. Wesentlich kleiner und unauffälliger sind hingegen die Abbildungen, die das Scherblatt des beworbenen Rasierapparates bzw. das gesamte Gerät zeigen. Sie werden möglicherweise vor dem Lesen der Schlagzeile überhaupt nicht wahrgenommen; die irreführende Bedeutung ist in der Visualdarstellung klar dominant.

(30/S) [Szene: Plakat mit Reisschüssel; dieses Plakat wird mehrmals abgerissen, dadurch kommt jeweils eine neue Reissorte zum Vorschein.] *Raus aus der **Reis**-Routine! Oryza – **iss*** [+s] *anders! Mehr über Reis, Rezepte und Revolutionen auf Oryza.de!* (Oryza Reis; ARD 10.01.2006)

Der Werbespot arbeitet zweimal mit einer Ambiguität, die nur durch Homophonie zustande kommt: Das Lexem *Reis* im Satz *Raus aus der Reis-Routine!* kann auf rein phonetischer Ebene zum einen als Bezeichnung für ein Grundnahrungsmittel, zum anderen als Wortstamm des Verbs *reißen* aufgefasst werden. Im parallel zu diesem Satz präsentierten Szenenbild werden beide Deutungsoptionen realisiert: Dieses zeigt Plakate mit verschiedenen Reis-Sorten, die nacheinander sichtbar werden, indem jeweils das vorherige Plakat abgerissen wird. Das Visual ist für die Ambiguität ausschlaggebend, da nur hierdurch die Bedeutung *Reiß-* (im Sinne des Verbstamms) zum Ausdruck kommt; allein aus dem Text geht sie nicht hervor. Im Produktzusammenhang wird diese Zweitbedeutung nicht aufrechterhalten, da das beworbene Nahrungsmittel thematisch mit dem Begriff *reißen* in keinerlei Zusammenhang steht. Somit liegt eine nur partielle Kontext-Visual-Konvergenz vor. Die orthografische Divergenz der beiden Deutungsvarianten (*Reis* vs. *Reiß-*) bleibt durch die rein mündliche Präsentation des Satzes verborgen. In einer Print-Anzeige, die auf Schriftlichkeit angewiesen ist, wäre dieses Sprachspiel weit weniger gut zu realisieren.

Etwas anders verläuft das Spiel mit der phonetischen Ambiguität im zweiten Satz des Spots: Der Satz *Oryza – iss anders!* wird sowohl in gesprochener als auch in schriftlich-visueller Form dargeboten. Im Unterschied zum ersten Satz findet hier somit auf visueller Ebene eine Festlegung auf eine der beiden möglichen orthografischen Varianten statt; durch die Schreibweise *iss* wird die Option „Imperativ Singular von ‚essen' " gewählt. Die andere Möglichkeit, nämlich eine dialektale Form von „ist“ (3. Person Singular Präsens des Verbs *sein* – in diesem Fall würde die korrekte Schreibung *is'* lauten), wird dem Rezipienten nur durch die mündlich-auditive Präsentation des Wortes in Erinnerung gerufen. Da jedoch die schriftliche Darstellung des Satzes nur die erste Option aufgreift, muss sich der Rezipient vermutlich kognitiv stark beteiligen, um die zweite (nicht verschriftlichte) Option ebenfalls zu realisieren. Bei rein schriftlicher Präsentation – etwa in einer Anzeige – würde diese Variante wegen der fehlenden auditiven Darstellung möglicherweise überhaupt nicht wahrgenommen.

Im Text- und Produktzusammenhang sind beide Varianten des zweiten Satzes passend: Der Satz kann zum einen als Aufforderung verstanden werden, durch Konsum des beworbenen Nahrungsmittels „anders“ zu essen (d. h. auf eine außergewöhnliche Art); dies wäre die Auslegung des Lexems *iss* als „Imperativ Singular von ‚essen‘ “. Zum anderen ist der Satz als Prädikation interpretierbar, dass der beworbene Reis „anders“ als vergleichbare Produkte sei und somit etwas Außergewöhnliches; dies wäre die Auslegung des Wortes als Dialektform von „sein“.

(31/S) [Szene: Mann schießt mit Fußball auf Garagentor.] *Viel Spaß beim Sport in N-TV wünscht Novoferm. Wir machen das **Tor!*** [s] (Novoferm Garagentore; N-TV 11.03.2006)

Der Vorwerbespot zur N-TV-Sportberichterstattung zählt zu den wenigen angetroffenen Werbungen mit scheinbarer Ambiguität, bei denen sich die Disambiguierung allein durch den Produktzusammenhang ergibt, ohne dass bereits der Text auf die korrekte Deutung hinweist. Der (nur schriftlich präsentierte) Slogan des Spots macht sich die Polysemie des Wortes *Tor* zunutze, das (unter anderem) die Bedeutungen hat: 1.) „Vorrichtung zum Schließen der Öffnung eines Gebäude- oder Grundstückseingangs“; 2.) „Treffer (bei bestimmten Ballspielen, z. B. beim Fußball)“. Innerhalb des Werbetextes wird letztere Interpretation evoziert: Die Verbindung des Substantivs *Tor* mit dem Verb *machen* spricht ebenso für diese Auslegung wie der im Text ebenfalls verwendete Begriff *Sport*. Das Szenenbild kombiniert beide Bedeutungsvarianten, indem es einen Fußballspieler zeigt, der einen Ball gegen ein Garagentor schießt; die abschließende Nahaufnahme der Garagentor-Klinke fokussiert – entgegen dem Textzusammenhang – das Sprachbewusstsein eher auf die erste Bedeutungsrichtung „Abschluss eines Gebäudeeingangs“. Das Visual gibt somit einen entscheidenden Hinweis auf den hier korrekten Sinn von *Tor* – und widerspricht damit der Nahelegung im Text. Somit ist das Szenenbild für die Ambiguierung obligatorisch. Eindeutig ist die gemeinte Bedeutung jedoch nur aus dem Produktzusammenhang zu erschließen – der Werbende ist ein Hersteller von Garagentoren (und nicht etwa eine Sportvereinigung). Folglich bedarf es der Kenntnis über den Marktsektor dieser Firma, damit der Rezipient die richtige Bedeutung des Lexems *Tor* zweifelsfrei ermitteln kann.

(32/A) [Bild: Mann am Strand zieht einer Frau den Badeanzug aus; Fujifilm-Digitalkamera fotografiert diese Szene.]
[Schlagzeile:] ***Lassen Sie sich nichts entgehen!***
[Unterzeile:] *... erst recht nicht das* ***verführerische Topmodell:*** *FinePix Z1.* (Fujifilm Digitalkamera; Stern 2005/25/47)

Ohne Berücksichtigung des Fließtextes und des Produktzusammenhangs lässt sich die semantisch vage Schlagzeile *Lassen Sie sich nichts entgehen* zunächst auf drei Arten interpretieren, die durch das Visual allesamt aktiviert werden: 1.) „Lassen Sie sich kein erotisches Abenteuer entgehen, das Sie mit einer attraktiven Frau erleben können" (diese Deutungsvariante wird durch die Abbildung einer entsprechenden Szene nahegelegt); 2.) „Lassen Sie sich beim Fotografieren keine interessanten Motive entgehen – wie etwa ein erotisches Liebesspiel zweier Personen am Strand" (diese Variante wird dadurch bewusst gemacht, dass eine Kamera die besagte Szene festhält); 3.) „Lassen Sie sich die beworbene Kamera nicht entgehen" (diese Variante ergibt sich durch die Abbildung der Kamera selbst).

Auch der erste Halbsatz der Unterzeile erhält die offene Referenz aufrecht: durch den ambigen Ausdruck *Topmodell* – wobei das anthropomorphe Adjektiv *verführerisch* noch eher darauf hindeutet, dass mit *Topmodell* die im Visual abgebildete Frau gemeint sei. Diese Annahme wird nachfolgend allerdings abrupt durchkreuzt, indem das beworbene Kameramodell genannt wird. An dieser Stelle des Textes wird somit die erstgenannte der drei Deutungsmöglichkeiten ausgeschlossen; die zweite und dritte Variante hingegen bleiben mit dem Werbekontext kompatibel.

Dem Visual kommt in der Anzeige die Funktion zu, die erste Bedeutungsvariante zu evozieren: Nur das Bild bewirkt, dass der Rezipient die Schlagzeile *Lassen Sie sich nichts entgehen* auf ein erotisches Abenteuer bezieht; allein aufgrund des Textes würde dieser Satz lediglich auf den Kauf der Kamera und eventuell auf das Fotografieren interessanter Motive bezogen.

- Fakultatives Visual:

(33/A) [Bild: Frau führt einen Hähnchenschenkel zum Mund und berührt mit der anderen Hand das Bein eines Mannes in kurzen Hosen; Bildeinschrift auf ihrer Schürze:] *Ich liebe schöne* ***Schenkel.***
[Unterzeile:] *Deutsches Geflügel – sicher ein Genuss!* (CMA; Stern 2005/01/115)

Die Ambiguität liegt in der Polysemie des Lexems *Schenkel*, das sowohl bei Menschen als auch bei Tieren (etwa bei Geflügel) einen Teil des Beines bezeichnen kann. Als Simplex, d. h. ohne Determinans (z. B. *Hähnchen-*), dürfte das Wort konventionell allerdings eher in Bezug auf den menschlichen Körper lexikalisiert sein. Eine Ambiguität entfaltet sich daher vermutlich erst vollständig, wenn im Werbekontext die Bedeutung „tierischer Schenkel" aktiviert wird. Dies geschieht hier durch die simultane Abbildung eines menschlichen Schenkels und eines gebratenen Hähnchenschenkels. Die Unterzeile disambiguiert die Mehrdeutigkeit schließlich in Richtung der hier gemeinten Bedeutung „Geflügelschenkel" – und damit entgegen der etablierten Bedeutung „Schenkel eines Menschen".

Da das in der Schlagzeile enthaltene Simplex *Schenkel* wahrscheinlicher in Bezug auf Menschen als in Bezug auf Tiere oder Lebensmittel etabliert ist, entsteht ein semantischer Kontrast zwischen der irreführenden Schlagzeile und dem klärenden Fließtext. Insofern würden die Mehrdeutigkeit und die überraschende Bedeutungswende vermutlich auch durch den Text hinreichend ins Bewusstsein gerufen. Das Bild ist daher genau genommen für die Ambiguierung fakultativ. Allerdings werden im Bild die beiden Bedeutungen durch ihre groteske Kombination besonders effektvoll kontrastiert – das Visual erhöht damit die belustigende Wirkung. Daneben bietet es durch die dargestellte Szene zudem den Reiz einer gewissen Anzüglichkeit. Beide Effekte dürften der Werbewirksamkeit dieser Anzeige sehr zuträglich sein.

(34/A) [Bild: Glas mit sprudelndem Wasser, daneben zwei Geldmünzen (1 Euro, 50 Cent)]
[Schlagzeile:] *Im Alter tritt oft chronischer* ***Eisen-, Nickel- und Kupfermangel*** *auf.*
[Unterzeile:] *Dagegen hilft eine private Krankenversicherung der Allianz mit Beitragsreduzierung im Alter.*
[Fließtext:] *Besonders im Alter treten häufig* ***Mangelerscheinungen*** *auf – im Portemonnaie. Deshalb gibt es bei der Allianz private Krankenversicherungen mit Vorsorge-Komponente. Damit senken Sie die Beiträge ab 65 Jahre – um bis zu 80 % des bei Abschluss aktuellen monatlichen Gesamtbeitrags. [...]* (Allianz; Stern 2005/23/71)

Das Bild kombiniert auf kuriose Weise ein Glas Mineralwasser (ein Metonym für bestimmte Spurenelemente) und zwei Geldmünzen. Es realisiert somit neben der konventionalisierten Bedeutung des Ausdrucks *Eisen-, Nickel- und Kupfermangel* („Fehlen der Spurenelemente Eisen, Nickel und Kupfer im [menschlichen] Körper") zugleich die nicht lexikalisierte, hier jedoch gemeinte Bedeutung „Mangel an Geld" (das – als Münzgeld – aus diesen chemischen Stoffen besteht). Nachdem durch diese überraschende Umdeutung in Kombination mit dem polysemierenden Visual eingangs diese beiden Deutungsmöglichkeiten nebeneinandergestellt werden, führt der Fließtext zunächst in die Irre: Er reduziert die zuvor geschaffene Ambiguität zunächst auf die im Werbekontext nicht gemeinte Bedeutung, da der Begriff *Mangelerscheinungen* ebenfalls nur in einem bestimmten, mit dem Kontext nicht vereinbaren Sinn lexikalisiert ist – nämlich als Bezeichnung für gesundheitliche Schäden, die sich aus dem Fehlen von Nährstoffen ergeben. Der Nachsatz *im Portemonnaie* deutet schließlich den Ausdruck

*Mangelerscheinungen* in die gemeinte Form um und löst damit die Ambiguität beider Begriffe auf.

Das Bild ist für die Mehrdeutigkeit fakultativ, da die nicht etablierten, in diesem Fall jedoch einzig korrekten Bedeutungen der Ausdrücke *Eisen-, Nickel- und Kupfermangel* sowie *Mangelerscheinungen* auch durch den Textzusammenhang eröffnet werden. Auch ohne das Bild macht die Anzeige dem Rezipienten somit die mehrfache Deutungsmöglichkeit beider Begriffe bewusst – wenngleich diese durch das Visual besonders amüsant dargestellt wird.

(35/S) [1. Szene: Kinder fahren in Geisterbahn, Kind zieht sich Pullover übers Gesicht.] *Das Leben ist* ***spannend.*** [2. Szene: Frau späht zur Haustür hinaus; geht in Langarm-Shirt und Unterhose an Briefkasten, zieht sich dabei ihr Shirt über die Unterhose.] *Auch für Ihre Kleidung.* [3. Szene: Mann und Frau stehen am Abgrund einer Böschung, er hält sie am Pulli fest.] *Ariel Color & Style Flüssig mit Faserflex. Und Ihre Kleidung behält dreimal länger Form und Farbe als mit herkömmlichem Vollwaschpulver. [...]* (Ariel Color & Style flüssig; RTL 09.01.2006)

Der Text dieses Werbespots spielt mit der Polysemie von *spannend*. Dieses Wort ist als Partizip vermutlich nur in einer der beiden hier evozierten Bedeutungen beim Zuschauer lexikalisiert, nämlich im figurativen Sinne von „aufregend“. Dagegen dürfte die wörtliche Variante „(einen Gegenstand) straffend“ nicht als konventionelle Bedeutung im Sprachbewusstsein gespeichert sein. Jedoch ist primär diese Lesart im Text- und Produktzusammenhang gemeint, da ein Waschmittel beworben wird, das die Form von Kleidungsstücken bewahrt. In einem metaphorischen, anthropomorphen Sinne kann freilich auch die figurative Lesart auf die Kleidung angewandt werden: So gesehen stellt nämlich eine mechanische Beanspruchung auch für dieses unbelebte Objekt eine „aufregende“ Situation dar – denn es ist fraglich, ob das Kleidungsstück diese Belastung heil übersteht. Insofern liegt im Text eine latente Mehrdeutigkeit (Polysemantisierung) vor, die auch der Gesamtkontext der Werbung nicht völlig auflöst.

Im Visual werden auf gekonnte Weise beide Lesarten des Wortes *spannend* realisiert: Es sind nacheinander drei Situationen zu sehen, die allesamt für die Beteiligten aufregend sind und in denen zugleich ein Kleidungsstück mechanisch beansprucht wird – somit sind diese Situationen alle im doppelten Sinne „spannend“: Als Erstes erlebt ein Junge eine Geisterbahnfahrt, die für ihn so furchterregend ist, dass er sich den Pullover über das Gesicht zieht. Anschließend will eine Frau, am Unterkörper nur mit einem Slip bekleidet, die Zeitung aus dem Briefkasten holen; sie prüft deshalb zunächst, ob sie unbeobachtet ist, und huscht dann zum Briefkasten, während sie ihr Shirt langzieht, um ihren Unterkörper zu bedecken. In der dritten Szene schließlich wird eine Frau, die eine kleine Strandböschung hinabzurutschen droht, von ihrem Begleiter am Pullover festgehalten. Bezogen auf den Produktzusammenhang liegt allerdings bei diesen mehrdeutigen Visualisierungen jeweils nur scheinbare Ambiguität vor: Die durch die Visuale (unter anderem) eröffneten referentiellen Bezugsrahmen „Geisterbahnfahrt", „Zeitungholen mit spärlicher Bekleidung" und „drohendes Hinabrutschen von einer Böschung" stehen semantisch in keiner Verbindung mit dem Bezugsrahmen „Waschmittel".

Das Visual ist zwar streng genommen für die Ambiguierung nicht ausschlaggebend: Denn die nicht lexikalisierte Bedeutung von *spannend* („mechanisch beanspruchend") und damit die generelle Doppeldeutigkeit des Wortes werden auch durch den Textzusammenhang bewusst, der für ein formbewahrendes Waschmittel wirbt. Doch kommt die Wirkung des Sprachspiels durch die unmittelbare Kombination beider Bedeutungen im Szenenbild wesentlich stärker zur Geltung, als dies ohne Visual der Fall wäre.

### 8.2.3 Sonderfall: Ambiguierung durch das Umfeld der Werbepräsentation

Einzelne Werbungen des untersuchten Korpus enthalten eine Ambiguität, die nur durch die Einbettung in einen bestimmten Werbekontext zustande kommt. Dieser Kontext kann bei Anzeigen und Spots etwa dadurch hergestellt werden, dass sie innerhalb eines bestimmten thematischen Umfeldes platziert sind, das speziell durch das jeweilige Medium vorgegeben wird. Mit dieser durch die mediale Umgebung motivierten Mehrdeutigkeit arbeiten die Fälle 36–40. Eine andere Möglichkeit ist die Ambiguierung durch aktuelle, vom jeweiligen Medium unabhängige Umstände, die im Bewusstsein des Werbepublikums präsent sind. Dieser Fall liegt vor in Beispiel 41.

Sowohl durch Text- als auch durch Produktzusammenhang gedeckt und somit kontextgestützt ist lediglich die Ambiguität in Beispiel 36. In den anderen Fällen liegt scheinbare Ambiguität vor. Die behandelten Werbungen besitzen allesamt entweder gar kein Visual, kein auf die Mehrdeutigkeit bezugnehmendes oder zumindest kein für die Mehrdeutigkeit ausschlaggebendes (obligatorisches) Visual; in den Fällen, in denen das Visual eine Bedeutung eines ambigen Ausdrucks aufgreift, wird diese Bedeutung auch durch den Werbetext (Beispiel 38) oder durch die Umstände der Werbepräsentation (Beispiele 40 und 41) bereits hinreichend ins Bewusstsein gerufen.

(36/A) [erste Seite, Schlagzeile:] ***Nah dran!***
[nächste Seite, Schlagzeile:] *Willkommen bei Ihrer BW Bank*
[Fließtext:] *Mit unserem erweiterten Filialnetz sind wir auch in Ihrer Nähe. Die Beratung der neuen BW-Bank ist noch spezifischer geworden, und mit unseren neuen Produkten können wir gezielt auf Ihre Wünsche eingehen. Wir freuen uns auf Sie. [...] Ba-*

*den-Württembergische Bank.* ***Nah dran.*** (Baden-Württembergische Bank; Stern 2005/ 39/101f.)

Die Werbung der Baden-Württembergischen Bank weist die darstellungstechnische Besonderheit auf, dass sie aus zwei Teilanzeigen besteht. Die zweite Teilanzeige wird erst sichtbar, indem der Leser die Zeitschriftenseite umblättert, auf der die erste Teilanzeige steht. Somit nimmt er im ersten Schritt nur den elliptischen Satz *Nah dran!* wahr, der eine offene Referenz besitzt: Er kann zunächst als anregender Hinweis an den Rezipienten verstanden werden, sich in unmittelbarer Nähe einer interessanten Seite zu befinden – was zum Weiterblättern animieren soll. Beim Lesen der zweiten Teilanzeige (nach dem Umblättern) bestätigt sich diese Deutungsmöglichkeit zunächst durch die Leseranrede *Willkommen bei Ihrer BW Bank.* Durch den weiteren Textverlauf erkennt der Leser, dass der Satz *Nah dran!* darüber hinaus auch in einer anderen Richtung interpretierbar gewesen wäre – nämlich als Slogan der Baden-Württembergischen Bank. Auch in dieser Funktion ist der Satz wiederum mehrfach zu deuten: *Nah dran* kann sich auf die räumliche Nähe zwischen der betreffenden Bank und ihren Kunden beziehen, zugleich kann aber auch die Orientierung der Bank an den individuellen Wünschen des Kunden gemeint sein. Dieser Doppelsinn wird explizit durch den Fließtext gestützt, der auf beide Interpretationsmöglichkeiten gleichermaßen anspielt.

Die zunächst evozierte Deutung des Rezipienten, sich „nahe" an einer interessanten Werbung zu befinden, kommt nur dadurch zustande, dass die Aussage innerhalb einer Zeitschriftenanzeige platziert ist und durch ihre Anordnung zum Weiterblättern animiert. Somit ist dieses Ambiguitäts-Spiel an den Werbeträger Print-Medium gebunden (im Fernsehen oder auf einem Plakat würde es nicht funktionieren).

(37/A) [Schlagzeile:] ***Zwei Hüllen schützen besser als eine.***
[Fließtext:] *Schon heute fahren in der BP-eigenen Flotte ausschließlich Doppelhüllentanker. 5 Jahre früher als gesetzlich vorgeschrieben. deutschebp.de*
[Slogan:] *Der Anfang ist gemacht.* (BP; Stern 2005/45/2)

Auch diese Anzeige arbeitet mit einer Besonderheit in der Präsentation: Sie erschien in einer „Stern"-Ausgabe, die einen doppelten Einband besaß. Das Titelbild der Zeitschrift wurde auf Seite 3 wiederholt, die BP-Anzeige war auf der davor liegenden Seite 2 platziert.

Der in großem Schriftgrad gesetzte erste Satz *Zwei Hüllen schützen besser als eine* erweckt beim Leser spontan den Anschein, sich allein auf den doppelten Einband der Zeitschrift zu beziehen. Erst durch den nachfolgenden (kleiner gedruckten) Fließtext erkennt der Leser, dass der Satz auch (und primär) anders zu beziehen ist – nämlich auf die Doppelhüllentanker der Firma BP.

Die Anzeige erhält ihre Mehrdeutigkeit – es handelt sich dabei um eine offene Referenz – folglich erst durch die Beschaffenheit des Mediums, in dem sie erschien. Offensichtlich besaß die besagte „Stern"-Ausgabe die doppelte Einbandhülle auch allein zum Zweck, der BP-Anzeige den passenden Rahmen zu geben.

(38/A) [Schlagzeile:] *Unser **Buch-Tipp**: Flüge europaweit ab 19,99 €* (Hapag-Lloyd Express; Stern 2005/15/203)

Bei dem Kompositum *Buch-Tipp* in der Schlagzeile handelt es sich um einen Ausdruck, der nur in der Bedeutung „Empfehlung zu einem bestimmten Buch" lexikalisiert ist. Diese Interpretation wird zudem durch den Präsentations-Kontext gestützt: Die Anzeige erschien im „Stern" auf der Seite „Die Bestseller der Woche", die eine Hitliste über Bücherverkäufe enthält. Erst durch den Fließtext, das (unauffällige) Bild eines Flugzeugs und den Produktzusammenhang erkennt der Rezipient, dass er mit der nahegelegten Bedeutung in die Irre geführt wurde: Die Komponente *Buch* ist in diesem Fall eben nicht im Sinne eines Druckwerks zu verstehen, sondern als Stamm des Verbs *buchen*; hieraus ergibt sich für *Buch-Tipp* die in diesem Fall allein gemeinte (und nicht konventionalisierte) Bedeutung „Empfehlung für das Buchen (eines Fluges)".

(39/A) [Schlagzeile:] *Unser **Handicap: Wir können einfach nicht verlieren.***
[Fließtext:] *Die DWS ist zum 11. Mal in Folge Deutschlands beste Fondsgesellschaft. Dies ist das Ergebnis von Standard & Poor's, die 62 in- und ausländische Fondsgesellschaften bewertet hat. [...]* (DWS Fonds; Stern 2005/13/93)

Das Inserat spielt mit der Polysemie von *Handicap* sowie von *nicht verlieren können*. Es ist innerhalb eines größeren Themenblocks in einer „Stern"-Ausgabe geschaltet, der sich mit dem Golfsport befasst. Dieses Umfeld legt für den Begriff *Handicap* zunächst die Bedeutung „festgesetzter Punkterückstand zwecks Chancengleichheit beim Golfsport" nahe, für den Phraseologismus *nicht verlieren können* die Bedeutung „Niederlagen nicht verkraften". Beide Interpretationen stellen sich durch den Fließtext als falsch heraus: Tatsächlich ist *Handicap* im Sinne von „Hindernis, Erschwernis" gemeint, *nicht verlieren können* in der Bedeutung „über die Gefahr einer Niederlage erhaben sein".

Paradoxerweise harmonieren hier die beiden anfangs evozierten (und im Gesamtkontext falschen) Deutungen der ambigen Ausdrücke semantisch nicht miteinander: Bezogen auf die Eigenschaft, eine Niederlage nicht zu verkraften, kann *Handicap* nicht als „festgesetzter Punkterückstand zwecks Chancengleichheit" betrachtet werden, sondern allenfalls als (charakterliches) „Hindernis". Diese kognitive Dissonanz ist entweder als gezielte Irritation zu deuten, die den Rezipienten zu einer stärkeren Hinwendung bringen soll, oder es stand –

ähnlich wie vermutlich beim oben angesprochenen Inserat von Renault (Anzeige 15) – für den Werbenden eher die Verdichtung zweier Ambiguierungs-Spiele im Vordergrund als eine sinnvolle Textaussage.

Sowohl die BP-Anzeige als auch die Anzeigen von Hapag-Lloyd Express und DWS erhalten ihren Doppelsinn nur durch eine entsprechende mediale Umgebung, in der sie veröffentlicht werden. Ohne dieses Umfeld blieben die jeweiligen Wissensrahmen „Zeitschriften-Einband", „Bücher" bzw. „Golfspielen" und damit auch die entsprechenden Mehrdeutigkeiten unaktiviert.

Die passgenaue thematische Abstimmung der betreffenden Anzeigen auf das Werbeumfeld lässt darauf schließen, dass vor allem größere Anbieter keinen Aufwand scheuen, um Inserate zu erstellen, die individuell auf die einzelne Publikation zugeschnitten sind. Hinter dieser Strategie steckt vermutlich die Absicht, sich als Unternehmen flexibel und nach individuellen Bedürfnissen handelnd zu präsentieren – Eigenschaften, die der Rezipient im Idealfall von der Werbesituation auch auf den Umgang des Unternehmens mit ihm überträgt.

Auch das Fernsehen arbeitet mit Mehrdeutigkeit durch Einbettung einer Werbung in einen speziellen Präsentationskontext:

(40/S) ***Wähl** deinen **Superstar!*** *Der neue Hyundai Getz. Sportliche Front. Poppige Innenfarben. Kraftvoller Antrieb. Jetzt bei deinem Hyundai-Händler. Ab 10 390 Euro.* [im Szenenbild: Einblendung der Nummern für die Telefon-Abstimmung zur Musikshow „Deutschland sucht den Superstar" und Porträts der Kandidaten.] (Hyundai Getz; RTL 18.03.2006)

Dieser Werbetext nutzt die offene Referenz des Wortes *Superstar* und den engen Zusammenhang mit der zugehörigen Hauptsendung, in deren Werbepause der Spot ausgestrahlt wird: Es handelt sich um die Musikshow „Deutschland sucht den Superstar" des Fernsehsenders RTL, bei der die Zuschauer aufgerufen sind, den Sieger per Telefon-Abstimmung zu ermitteln. Der Werbefilm selbst bewirbt einen Autotyp der Marke Hyundai. Zwar befasst sich der dem Eingangssatz nachfolgende Werbetext nur mit diesem Auto und lässt daher den Ausdruck *Superstar* primär im Sinne eines besonders attraktiven Automodells erscheinen; im Produktzusammenhang ist dies auch die einzige letztendlich gültige Variante. Dennoch bleibt auch eine Zweitbedeutung präsent: Zum einen schließt der Film unmittelbar an den Musikwettbewerb „Deutschland sucht den Superstar" an; zum anderen werden in den Werbespot die Porträts der Gesangskandidaten dieser Show und ihre Telefonnummern für die Abstimmung eingeblendet. Somit ist der Begriff *Superstar* zugleich als Bezeichnung für die Kandidaten der

Show zu verstehen. Das verwendete Verb *wählen* kann zudem ebenso auf eine Telefonabstimmung bezogen werden wie auf die Kaufentscheidung für ein bestimmtes Auto.

Mit dieser geschickt realisierten Ambiguität verfolgt der Werbespot demnach nicht nur das grundlegende Ziel jeder Produktwerbung, den Rezipienten zu einer Kaufhandlung zu animieren. Vielmehr soll dieser zugleich dazu motiviert werden, sich an der betreffenden Telefon-Abstimmung zu beteiligen.

Im folgenden Werbespot wird eine Mehrdeutigkeit nicht durch das Umfeld innerhalb des Werbemediums hergestellt, sondern durch einen (aktuellen) zeitlichen Kontext:

(41/S) [Franz Beckenbauer im Off:] ***Deutschland macht sich schön für ein großes Ereignis.*** [Szene: Frau im Dirndl bekommt eine Kette angezogen, andere hält ein Sporttrikot hoch.] ***Viele Freunde aus der ganzen Welt werden dabei sein.*** [Szene: Beckenbauer geht an Flaggen verschiedener Länder vorbei.] *Ja, Erdinger Weißbier wird 120 Jahre.* [Szene: Beckenbauer geht in einen Biergarten.] *Wenn das kein Grund zum Feiern is'!* [Sprecher:] *Erdinger Weißbier. In Bayern daheim. In der Welt zu Hause.* (Erdinger Weißbier; N-TV 11.03.2006)

Dieser Fernsehwerbespot spielt mit der (scheinbaren) Ambiguität in Form einer fortgesetzten offenen Referenz in den ersten beiden Sätzen des Werbetextes. Sie ließen den durchschnittlich informierten Rezipienten der damaligen Zeit zunächst vermuten, dass sie sich auf die Fußball-Weltmeisterschaft (WM) 2006 in Deutschland bezögen. Eine Annahme, die primär der zeitliche Kontext nahelegte – der Spot wurde im Frühjahr 2006 ausgestrahlt, wenige Monate vor der WM. Hinzu kommt in diesem Zusammenhang, dass besagtes Sportereignis in der Fernsehwerbung jener Zeit ohnehin sehr häufig thematisiert wurde; eine solche Unablässigkeit bestärkt beim Zuschauer zusätzlich die Erwartung, dass auch der vorliegende Werbespot wieder einen Bezug zum Thema Fußball habe. Zudem kann der zweite Satz des Spots auch als Anspielung auf das Motto der damaligen Fußball-WM „Die Welt zu Gast bei Freunden" verstanden werden. Weitere klare Indizien dafür, dass sich der Film auf dieses Ereignis bezieht, sind der deutsche WM-Organisator Franz Beckenbauer als Hauptakteur sowie die Szenenbilder, die ein Sporttrikot und die Flaggen mehrerer Nationen zeigen.

Die mithin zunächst intensiv genährte Vermutung des Rezipienten wird jedoch mit dem dritten Satz überraschend durchkreuzt. Nunmehr erkennt der Zuschauer, dass er die beiden semantisch vagen Eingangssätze auch anders hätte interpretieren können – und in diesem Fall anders hätte interpretieren müssen: nämlich als Ankündigung für das Jubiläum der beworbenen Biermarke. Dadurch erwirkt die werbende Firma erstens einen Überraschungseffekt (auch deshalb, weil es einigermaßen überzogen erscheint, den 120. Geburtstag einer Biermarke als „großes Ereignis" zu bezeichnen, für das sich „Deutschland schön macht"). Zweitens erkennt der Rezipient, dass es dem Werbenden über eine längere Passage hinweg gelungen ist, ihn mit semantisch vagen Formulierungen in die Irre zu führen. Nicht zuletzt kann der Spot auch als Persiflage auf die übermäßige Thematisierung der Fußball-WM in der Werbung dieser Zeit aufgefasst werden. All diese Effekte lösen beim Zuschauer Belustigung aus und machen auf ihn den Eindruck sprachlicher Virtuosität des Werbenden. Die Erkenntnis, gründlich einer Irreführung aufgesessen zu sein, kann den Rezipienten zudem gegenüber dem Werbenden in eine Position des Sich-Ergebens versetzen.

### 8.2.4 Zusammenfassung und Funktions-Analyse

Im Folgenden sollen die wesentlichen Befunde zusammengefasst werden, die durch die in Kapitel 8 aufgeführten Beispiele hinsichtlich der makrotextuellen Faktoren zur Herbeiführung und ggf. Auflösung von Ambiguität gewonnen werden konnten. Aus den wissenschaftlich gesicherten Erkenntnissen zur Wahrnehmung von Mehrdeutigkeit sowie von illustrierter Werbung soll zudem gefolgert werden, welche Werbewirkungen die verschiedenen Konstellationen von Text, Visual, Produktzusammenhang und äußeren Umständen ausüben. Zuvor ist auf die Präsenz der einzelnen Bedeutungsebenen im Sprachbewusstsein bei Motivierung, Wörtlichnehmen und Polysemantisierung einzugehen sowie auf die Funktionen, die diese Sprachspiele ebenso wie die offene Referenz in der Werbesprache besitzen.

#### 8.2.4.1 Wirkung von Polysemie auf verschiedenen Bedeutungsebenen – Wirkung von offener Referenz

Wie erwähnt, können die verschiedenen Bedeutungen eines ambigen Ausdrucks entweder allesamt auf der gleichen (d. h. normalerweise der wörtlichen) Bedeutungsebene angesiedelt sein (Beispiele sind die Fälle 02 – *über kurz oder lang* und 29 – *Jeder Zug zählt*) oder sich zum einen auf die wörtliche und zum anderen auf die figurative bzw. idiomatische Bedeutungsebene erstrecken (wie in den Werbungen 01 – *Flocken zum Fest* oder 27 – *Dahinter steckt immer ein kluger Kopf*). Die Techniken zur Aktivierung verschiedener Bedeutungsebenen (siehe Punkt 4.3.2, Abschnitt b) werden von Burger (2003: 157ff.) und Balsliemke (2001: 75ff.; ebd. 222ff.) nur für Phraseologismen beschrieben. Wie die vorliegenden Beispiele zeigen, können die Verfahren jedoch – abgesehen vom Sonderfall der Literalisierung – auch auf einzelne Lexeme angewandt werden: So liegt eine Motivierung nicht nur etwa in Anzeige 13 (*Wissen, wo es langgeht*) vor, sondern auch in Fall 12 (*Sichern Sie sich Ihren Aufstieg*); ein Wörtlichnehmen ist nicht nur bei Nr. 17 (*Strom aus heiterem Himmel*), sondern auch bei Spot 18 (*Kratzbürsten*) gegeben; die Polysemantisierung schließlich findet sich nicht nur in Fall 27

(*Dahinter steckt immer ein kluger Kopf*), sondern genauso bei Nr. 09 (*ein ungetrübtes Fahrvergnügen*).

Motivierung und Wörtlichnehmen eines Phraseologismus haben gemeinsam, dass sie eine übertragene Bedeutung überraschend umdeuten: Laut dem „idiomatic processing model" sind idiomatische Phraseologismen beim Sprachrezipienten primär in ihrer übertragenen Bedeutung lexikalisiert (Hemmi 1994: 48; Burger 2003: 24). Bei der Motivierung eines Phraseologismus ruft eine Werbekomponente – meist das Visual – unerwartet die wörtliche Lesart ins Bewusstsein, wobei jedoch im Werbekontext letztendlich die idiomatische Bedeutung als einzige gilt. Es wird damit eine Diskrepanz aufgebaut zwischen der konventionell lexikalisierten sowie im Werbekontext gültigen übertragenen Deutungsoption auf der einen Seite und der nicht gemeinten (jedoch während des Betrachtens aufgrund visueller Darstellung meist im Bewusstsein dominierenden) wörtlichen Option auf der anderen Seite. Geringer dürfte diese kognitive Dissonanz im Falle des Wörtlichnehmens eines Phraseologismus ausfallen: Zwar stehen sich auch hier die im Sprachlexikon des Rezipienten vorherrschende phraseologische Bedeutung und die in der jeweiligen Werbung unerwartet aktivierte wörtliche Bedeutung gegenüber. Im Gegensatz zur Motivierung verifiziert jedoch hier der Werbekontext tatsächlich die wörtliche Lesart, sodass keine Diskrepanz zwischen (meist visuell) evozierter wörtlicher Bedeutung und Werbekontext vorliegt. Bei der Polysemantisierung von Phraseologismen schließlich bleiben sowohl die konventionell lexikalisierte übertragene Deutungsvariante als auch die zusätzlich (meist visuell) bewusst gemachte wörtliche Variante im Werbekontext aufrechterhalten. Der Überraschungs- und Aufmerkeffekt dürfte in diesem Fall dementsprechend geringer sein.

Weniger eindeutig als für Phraseologismen lässt sich die kognitive Präsenz von wörtlicher und übertragener Lesart für ambige Lexeme beschreiben, die eine figurative Bedeutung haben. Sie sind zum Teil vermutlich eher im figurativen Sinn (wie etwa das Lexem *Kratzbürsten* in Anzeige 18), zum anderen Teil eher wörtlich (wie das Lexem *Aufstieg* in Fall 12) beim Rezipienten lexikalisiert. Mithin kann das Aufgreifen der wörtlichen Bedeutung hier im erstgenannten Fall überraschend, im zweiten Fall aber erwartungsgemäß wirken. Grundsätzlich ist jedoch bei ambigen Lexemen davon auszugehen, dass eine Ambiguierung dann besonders wirkungsvoll ist, wenn dadurch ein Widerspruch zwischen der lexikalisierten Bedeutung eines Ausdrucks und der im Kontext gemeinten Bedeutung aufgebaut wird (wie etwa in den genannten Beispielen *Kratzbürsten* und *Aufstieg*). Insofern ist auch hier anzunehmen, dass zur Irritation und zum Erregen von Aufmerksamkeit die Motivierung und das

Wörtlichnehmen wirkungsvoller sind als die Polysemantisierung (die z. B. beim Begriff *ungetrübt* in Werbung 09 vorliegt).

Das intellektuelle Vergnügen kann andererseits im Falle der Polysemantisierung (sowohl von Phraseologismen als auch von Lexemen) stärker sein als bei der Motivierung und beim Wörtlichnehmen, da die Polysemantisierung auf raffinierte Weise mehrere im Kontext passende Bedeutungen ermöglicht – was den Eindruck besonderer sprachlicher Virtuosität erwecken kann. Nebenbei ist der kommunikative Effekt der Deutungsfreiheit eher bei der Polysemantisierung gegeben, da sie mit einer kontextgestützten Ambiguität einhergeht; Motivierung und Wörtlichnehmen arbeiten hingegen meist mit nur scheinbarer Ambiguität, die im Gesamtkontext der Werbung keine Deutungsfreiheit eröffnet.

(Da das Phänomen der Literalisierung – wie unter Punkt 4.3.2, Abschnitt bd, angedeutet – lediglich einen Sonderfall des Wörtlichnehmens oder der Polysemantisierung darstellt, muss auf seine Wirkungen an dieser Stelle nicht gesondert eingegangen werden.[26])

Verschiedene wichtige Werbefunktionen werden schließlich von einer Ambiguierung durch offene Referenz wahrgenommen. Sie gründet sich auf semantisch vage Formulierungen, die sich auf unterschiedlichste Situationsrahmen beziehen können. Eine offene Referenz kann mit oder ohne Visual arbeiten (Anzeige 32 – *Lassen Sie sich nichts entgehen* besitzt ein Visual, Anzeige 36 – *Nah dran!* hingegen nicht). Insbesondere wenn sie eine semantisch vage und somit rätselhafte Schlagzeile enthält, erfüllt sie vermutlich im besonderen Maße die Funktion, die Aufmerksamkeit des Rezipienten zu wecken und ihn zum Weiterlesen der Anzeige (bzw. zum Weiterbetrachten des Spots) zu verlocken, um das Rätsel zu lösen. Die kunstvoll erzeugte Möglichkeit des Bezugs auf grundverschiedene Situationskontexte kann dem Rezipienten ein intellektuelles Vergnügen bescheren; im günstigsten Fall kann dieser auch eine besondere Bewunderung für die sprachliche Kreativität des Werbenden empfinden. Zudem spielt der Aspekt der Deutungsfreiheit eine Rolle, soweit die offene Referenz eine mit dem Produktzusammenhang kompatible Mehrdeutigkeit besitzt (wie in Anzeige 36, wo der Ausdruck *nah dran* sowohl eine räumliche Nähe der beworbenen Bank zum Kunden besagen kann als auch die Orientierung der Bank an den Wünschen des Kunden).

---

[26] Ein zusätzlicher Amüsiereffekt könnte sich bei der Literalisierung ergeben, indem der Rezipient zusätzlich zur Ambiguität zwischen wörtlicher und übertragener Lesart erkennt, dass der verwendete Phraseologismus eine Komponente enthält, deren hier evozierte wörtliche Bedeutung von derjenigen der derivationellen Basis abweicht. Diese Erkenntnis dürfte allerdings nicht immer gegeben sein; beispielsweise ist es eher unwahrscheinlich, dass dem gewöhnlichen Rezipienten die derivationelle Basis des Phraseologismus *mit einem Streich* bewusst ist und er deshalb in Werbung Nr. 28 den Unterschied zwischen dieser ursprünglichen und der hier verwendeten Bedeutung erkennt.

#### 8.2.4.2 Wirkung der makrotextuellen Faktoren

Wie die Untersuchung zeigt, können die Faktoren, die in Werbeanzeigen und -spots sprachliche Mehrdeutigkeit evozieren und auflösen, in zahlreichen Konstellationen zusammenwirken. Vergleichsweise selten finden sich dabei Werbungen, die völlig ohne Visual sind. Im insgesamt 755 Werbungen umfassenden untersuchten Korpus war dies nur bei 29 Anzeigen der Fall (Werbespots gänzlich ohne Visual wurden im Korpus nicht angetroffen und existieren vermutlich auch praktisch nicht). Selbst in den Fällen, in denen die Bildaussage keinen Bezug zu einer Mehrdeutigkeit hat, verzichtet die betreffende Anzeige folglich doch selten ganz auf eine Illustration.

Die geringe Zahl an vorgefundenen Werbeanzeigen ganz ohne Visual bestätigt wissenschaftliche Befunde, nach denen das Visual in der Anzeige meist als Blickfang dient (Hemmi 1994: 166; Stöckl 1997: 114). Eine Werbung mit Visual besitzt zudem generell einen höheren Erinnerungswert und evoziert dadurch mehr Kaufinteresse (Kroeber-Riel/Esch 2004: 209). Doch ist laut wissenschaftlichen Erkenntnissen selbst bei einem vorhandenen Visual die Attraktivität einer Anzeige geringer, wenn zwischen Text und Visual keine Beziehung besteht: Verweise im bildlichen Kontext werden eher wahrgenommen als Verweise allein auf der Textebene; bei fehlendem Text-Visual-Bezug wird der Rezipient weniger zum Weiterlesen motiviert, da entweder kein Rätsel aufgegeben wird oder ein Verbalrätsel nicht schnell genug gelöst werden kann (Hemmi 1994: 112; Balsliemke 2001: 315).

Bei der Ambiguierung ohne Bezug zu einem Visual – wobei dieses entweder nicht vorhanden ist oder keine semantische Verbindung zum mehrdeutigen Ausdruck besitzt – vollziehen sich die Herbeiführung und ggf. die Auflösung der Ambiguität meist allein auf der Textebene. Der Textzusammenhang gibt in diesem Fall entweder keine Anhaltspunkte für eine Vereindeutigung eines Ausdrucks, der im Sprachbewusstsein des Rezipienten von vornherein als mehrdeutig gespeichert ist (z. B. bei Nr. 07 – *Geschäft*), oder er eröffnet durch bestimmte Textsignale zusätzlich zur konventionell naheliegenden Bedeutungsvariante des Ausdrucks eine (überraschende) Zusatzbedeutung. Hierbei besteht eine Möglichkeit darin, diese Variante erst im nachfolgenden Text bewusst zu machen, d. h. nachdem der Rezipient den (potenziell) mehrdeutigen Ausdruck wahrgenommen hat (wie bei Nr. 01 – *Flocken* – durch den Bezugsrahmen „Geld“, der im weiteren Text aufgebaut wird). Die unerwartete Bedeutung kann aber auch bereits durch vorausgehende Textelemente evoziert worden sein (wie bei Nr. 02 – *über kurz oder lang* – durch die vorausgehenden Parallelismen *Groß und Klein* sowie *Firmen und Familien*). Möglich ist auch, dass durch mehrere Textsignale unterschiedliche Bedeutungen nahegelegt werden (wie in Fall 09 durch die Textelemente *Fahrvergnügen* und *Rußpartikelfil-*

*ter/ohne Feinstaub*, die im Zusammenwirken einerseits eher die figurative, andererseits die wörtliche Bedeutung von *ungetrübt* eröffnen).

Weit häufiger als Ambiguierungen ohne Visualbezug wurden Beispiele angetroffen, bei denen ein Visual vorhanden ist und eine semantische Verbindung zur mehrdeutigen Textstelle besitzt.

Im Falle eines fakultativen Visuals wird dabei die Mehrdeutigkeit eines Ausdrucks bereits allein durch den Textinhalt bewirkt, was sich auf die gleiche Weise vollzieht wie bei der Ambiguierung ohne Visualbezug. Das Visual hat hier lediglich unterstützende Wirkung für (mindestens) eine der durch den Text bewusst gemachten Bedeutungsvarianten. Im Falle eines obligatorischen Visuals sind hingegen allein im Text nicht alle letztendlich eröffneten Bedeutungsvarianten des ambigen Ausdrucks angelegt. Vielmehr obliegt es hier dem Visual, mindestens eine Variante zu evozieren, die nicht bereits der Text aktiviert.

Wie erwähnt, bedeutet die Unterscheidung zwischen obligatorischem und fakultativem Visual lediglich, dass bei letzterem die Mehrdeutigkeit eines Ausdrucks schlussendlich auch ohne das Visual erkennbar wird, also allein durch den Text- und/oder den Produktzusammenhang der Werbung (bzw. durch äußere Umstände der Werbepräsentation, siehe Punkt 8.2.3). Hingegen bedeutet „fakultativ" nicht, dass ein entsprechendes Visual für die Unterhaltsamkeit und Eingängigkeit des entsprechenden Sprachspiels bedeutungslos wäre. So ist eine Ambiguierung mit Visualbezug in ihrer humoristischen Wirkung oft einer Ambiguierung auf rein textlicher Ebene überlegen. Beispielsweise geht in Anzeige 34 die – nicht lexikalisierte – Mehrdeutigkeit der Begriffe *Eisen-, Nickel- und Kupfermangel* sowie *Mangelerscheinungen* zwar auch aus dem Textverlauf hervor, jedoch wird sie durch die kuriose Bilddarstellung (ein Wasserglas kombiniert mit mehreren Münzen) weitaus schneller offensichtlich und wirkt in ihrer Gestaltung wesentlich origineller als allein aufgrund des Textes.

Erweist sich eine der zunächst eröffneten Bedeutungen als im Gesamtkontext ungültig, so spielt manche Werbung – sowohl bei einem obligatorischen als auch bei einem fakultativen Visual – mit dem kuriosen Effekt, dass ein mehrfacher Schwenk zwischen den verschiedenen Bedeutungsvarianten stattfindet; Hemmi (1994: 108) spricht hier vom Doppelswitching. Anzeige 11 weist ein solches Phänomen auf, da das Visual für den Begriff *Anlagen* zunächst einen Wissensrahmen aufbaut, der sich zwar als nicht kompatibel mit Text- und Produktzusammenhang erweist, jedoch im Textverlauf nochmals unterschwellig in Erinnerung gerufen wird. Dieses mehrfache Switching steigert zusätzlich den überraschenden, komischen und damit aufmerksamkeitssteigernden Effekt des Sprachspiels mit Mehrdeutigkeit (Hemmi 1994: 108).

Wie an den Beispielen ersichtlich wird, kann bei einem Text-Visual-Bezug weiterhin differenziert werden, welche der verschiedenen Bedeutungsvarianten des Ausdrucks im Visual realisiert wird bzw. werden. Bei scheinbarer Ambiguität kann das Visual eine im Werbekontext tatsächlich gemeinte (Bsp. 17 – *aus heiterem Himmel*), eine nicht gemeinte (Bsp. 12 – *Aufstieg*) oder simultan eine gemeinte und eine nicht gemeinte Bedeutung (Bsp. 33 – *Schenkel*) aufgreifen. Das Visualisieren einer im Werbekontext nicht gemeinten Bedeutung bewirkt eine (oftmals kurios wirkende) Kontextkombination. Bei kontextgestützter Ambiguität kann das Visual entweder eine von mehreren gültigen Bedeutungen (Bsp. 22 – *im Handumdrehen*) oder simultan mehrere gültige Bedeutungen (Anzeige 32 – *Lassen Sie sich nichts entgehen*) realisieren.

Insbesondere die visuelle Normabweichung (siehe Punkt 8.2.2) bei sprachlicher Mehrdeutigkeit (wie etwa in den Beispielen 12 – *Aufstieg* und 18 – *Kratzbürsten*) erfüllt wichtige werbekommunikative Funktionen: Aufmerksamkeit (Attention), Einprägsamkeit (Memorise), Attraktivität/intellektuelles Vergnügen (Please) und Ablenkung von der Werbeabsicht (Distract). (Vgl. hierzu auch Stöckl 1997: 279f.; ebd. 295.) Der Überraschungseffekt durch eine visuelle Normabweichung ist umso größer, als ein Visual leichter aufgenommen wird als der Text und daher eine stärkere kognitive Wirkung hat (siehe oben); das somit besonders intensive Wahrnehmen der falschen Bedeutung bewirkt eine entsprechend große Irritation. Hieraus folgt, dass der visuellen Normabweichung – zumal wenn das Visual für die Ambiguierung obligatorisch ist – eine Schlüsselrolle für den Erfolg des Spiels mit Mehrdeutigkeit in der Werbung zukommt.

Eine visuelle Normabweichung kann zum einen dadurch geschehen, dass das Visual eine Bedeutung realisiert, die lediglich aufgrund der Lexikalisierung beim Rezipienten unerwartet wirkt. Dies ist gegeben beim Wörtlichnehmen und bei der Polysemantisierung eines Phraseologismus und auch manches Lexems: Hier stellt das Bild die wörtliche Lesart dar, die auch im Werbekontext gemeint ist; lediglich im Sprachbewusstsein des Rezipienten ist (laut dem „idiomatic processing model", siehe Punkt 8.2.4.1) im Falle eines Phraseologismus, zuweilen auch eines Lexems, primär die übertragene Lesart präsent. (Ein Wörtlichnehmen mit visueller Normabweichung liegt etwa vor in Beispiel 18, wo das Visual den Begriff *Kratzbürste* im Sinne von „Frisierbürste, die im Haar kratzt" realisiert – eine Bedeutung, die im Werbekontext allein gemeint ist und lediglich der im Sprachbewusstsein konventionalisierten Bedeutung „unverträgliche weibliche Person“ widerspricht. Eine Polysemantisierung mit visueller Normabweichung findet sich demgegenüber z. B. in Anzeige 27 – *hinter etwas stecken*).

Zum anderen kann das Visual eine Bedeutung aufgreifen, die sowohl der konventionellen Lexikalisierung als auch dem Werbekontext widerspricht – es kann also zugleich eine Kontext-Visual-Divergenz besitzen. Dieser Fall liegt vor bei der Motivierung (wie in Beispiel 14 – *langer Atem*). Wie oben angesprochen, dürfte diese Möglichkeit der visuellen Normabweichung am wirkungsvollsten sein, da sich nur hier in doppelter Hinsicht ein Spannungsverhältnis aufbaut: einerseits zwischen Visual und lexikalisierter Bedeutung (bei Lexemen funktioniert dies im Unterschied zu Phraseologismen nur in bestimmten Fällen, siehe Punkt 8.2.4.1), andererseits zwischen Visual und Werbekontext.

In Einzelfällen wird die Mehrdeutigkeit eines Ausdrucks nicht alleine durch den Textzusammenhang und ggf. das Visual, sondern nur durch das Zusammenwirken dieser Komponenten mit äußeren Umständen der Werbepräsentation herbeigeführt. Diese Art von Kontextkombination geschieht entweder durch offene Referenz (wie in Nr. 36 – *Nah dran!*) oder durch ein bewusstes (irreführendes) Textsignal mittels eines polysemen Ausdrucks, der einen Bezug zur Werbe-Umgebung herstellt (wie bei Nr. 39 – *Unser Handicap: Wir können einfach nicht verlieren*). Das Visual war hierbei zumindest im untersuchten Korpus durchweg für die Erzeugung der Mehrdeutigkeit lediglich fakultativ, soweit es überhaupt vorhanden war und einen Bezug zur Mehrdeutigkeit besaß (siehe Punkt 8.2.3).

Wie erläutert, wird bei einer scheinbaren Ambiguität die anfängliche Mehrdeutigkeit eines Ausdrucks im Werbekontext aufgelöst, so dass dieser letztendlich nur eine Bedeutung des Ausdrucks zulässt. Eine solche Disambiguierung geschieht fast immer durch den Textzusammenhang, nur in 25 der insgesamt über 700 für diese Untersuchung gesammelten Fälle wurde eine Mehrdeutigkeit allein durch den Produktzusammenhang vereindeutigt, ohne dass Text und Visual dafür klare Anhaltspunkte gaben. In der vorliegenden Beispielsammlung ist dies, wie bereits verdeutlicht, in Spot Nr. 31 (*Wir machen das Tor*) der Fall.

Die scheinbare Ambiguität löst einen stärkeren Widerspruch zwischen den eröffneten Bedeutungen und dem Werbekontext aus als die kontextgestützte Ambiguität. Insofern erfüllt erstere die Funktion der Aufmerksamkeitssteigerung durch Irritation aller Vermutung nach besser als die kontextgestützte Mehrdeutigkeit, bei der ein kognitiver Konflikt nicht in gleichem Maß entsteht. Infolgedessen dürften bei der scheinbaren Ambiguität auch die Effekte der Reflexion und der Memorisierung stärker zum Tragen kommen. Von den unter Punkt 5.3 erläuterten kommunikativen Funktionen des Ambiguitäts-Sprachspiels nimmt die kontextgestützte Ambiguität vermutlich nur zwei Effekte besser wahr als die scheinbare Ambiguität: den der Deutungsfreiheit und eventuell den des intellektuellen Vergnügens (da der Rezipient hier ein in mehreren Bedeutungen passendes und somit besonders kunstvolles Spiel erkennt). Hinsichtlich der Verschleierungs-Funktion ist für den Autor kein Vorteil für eine der beiden Ambiguitätsformen erkennbar.

# 9 Analyse: Mikrotextuelle Verfahren

Nachdem im vorhergehenden Kapitel das Zusammenwirken der diversen Komponenten untersucht wurde, die in Werbeanzeigen und Werbespots eine Mehrdeutigkeit evozieren (Text, Visual, Produktzusammenhang, Umstände der Werbepräsentation), widmet sich die nachfolgende Untersuchung intensiv der Rolle des Faktors Text fürs Erzeugen dieser Mehrdeutigkeit. Anhand des gesammelten Datenmaterials sollen in Punkt 9.1 wichtige sprachliche und rhetorische Einzeltechniken detailliert betrachtet werden, die eine Ambiguität in der Werbesprache herbeiführen können. Teilweise ist dabei auf Werbungen zurückzukommen, die bereits in Kapitel 8 unter dem Aspekt der makrotextuellen Einflüsse zur Sprache kamen. Die Zusammenfassung in Punkt 9.2 arbeitet die kommunikativen Wirkungen heraus, die durch die einzelnen mikrotextuellen Techniken erzielt werden.

Die Zusammenstellung der Techniken erhebt keinen Anspruch auf Vollständigkeit für mehrdeutige Werbesprache im Allgemeinen, will aber alle interessanten Fälle ansprechen, die innerhalb des untersuchten Korpus angetroffen wurden.

## 9.1 Betrachtung sprachlicher und rhetorischer Techniken der Ambiguierung

Die folgende Zusammenstellung lässt sich in drei Kategorien gliedern: Die Techniken a bis d stellen Besonderheiten der syntaktischen oder grammatikalischen Struktur dar, die eine Mehrdeutigkeit des betreffenden Ausdrucks bewirken. Demgegenüber befassen sich die Verfahren e bis j mit sprachtechnischen und rhetorischen Besonderheiten, die sich auf rein semantischer bzw. sprachpragmatischer Ebene abspielen, ohne dass die syntaktische oder grammatikalische Struktur dafür bedeutsam wäre. Mit den Techniken k und l schließlich wird auf einer Meta-Ebene die wiederholte Ambiguierung angesprochen – die entweder innerhalb einer Werbeanzeige bzw. eines Werbespots geschehen kann oder durch Parallelen zwischen verschiedenen Werbungen desselben Anbieters.

### a) Ambiguität durch elliptische Syntax

Eine beliebte Technik in der Sprache der Werbung ist die Ellipse, der syntaktisch unvollständige Satz. Neben ihren günstigen Auswirkungen auf die Kompaktheit der Werbeaussage (Sprach-Ökonomie) kann eine elliptische Syntax bei der Schaffung gezielter Mehrdeutigkeit hilfreich sein. So kann sie etwa durch Omission semantisch relevanter Satzglieder die Subjekt-Objekt-Beziehung mehrdeutig werden lassen (Möckelmann/Zander 1975: 54f.).

Eine Ellipse liegt vor in dem bereits unter Punkt 8.2.1 analysierten Slogan

(07/S) [Slogan:] ***Gutes Geschäft.*** *Deichmann.* (Deichmann Schuhe; RTL 18.03.2006)

Wie erwähnt, kann der Slogan erstens besagen, dass Deichmann eine gute Schuhhandlung sei, und zweitens dem Rezipienten versichern, dass er dort einen guten Kauf mache. Diese Mehrdeutigkeit kommt zustande, indem der Slogan ein polysemes Lexem (*Geschäft*) verwendet und zugleich auf eine vollständige Syntax mit eindeutigem Subjekt und Prädikat verzichtet. Damit überlässt er dem Rezipienten die Entscheidung, ob die Schuhhandlung als dieses Subjekt betrachtet werden soll (hieraus ergäbe sich die erstgenannte Deutungsvariante) oder der Kunde (hieraus würde die zweite Interpretationsmöglichkeit folgen).

Ein weiteres bekanntes Beispiel für einen elliptischen Slogan, das bereits von Sauer (1998: 156) behandelt und auch im hier vorliegenden Korpus angetroffen wurde, ist die Werbung des Autoherstellers Audi:

(42/A) [Slogan:] ***Vorsprung durch Technik*** (Audi Quattro; Stern 2005/11/108)

Als Aktant der Aussage (dieser wäre mit der Frage zu erkunden: „Wer besitzt diesen Vorsprung?“) kann fungieren: 1.) der Autohersteller, 2.) die von ihm hergestellten Fahrzeuge, 3.) der Autofahrer, der ein Fahrzeug dieser Marke besitzt.

### b) Ambiguität im Bezug zwischen syntaktischen Komponenten

Eine weitere Technik der syntaktischen Ambiguierung besteht darin, die grammatikalische Konstellation zwischen syntaktischen Komponenten unklar werden zu lassen – etwa durch das Fehlen von Hinweisen auf Subjekt und Objekt. Hierbei sei zunächst auf den bereits in Punkt 8.2.1 behandelten Satz einer Werbung für deutsche Steinkohle verwiesen:

(05/A) [Fließtext:] *Häufig sind die Rohstoffpreise auf dem Weltmarkt erheblichen Schwankungen unterworfen – für die Metall verarbeitende Industrie hat dies oft Existenz bedrohende Konsequenzen. Denn zur Stahlerzeugung ist sie auf Steinkohle als Grundstoff für Koks angewiesen. Gut, dass die deutsche Steinkohle hier für mehr Planbarkeit und Unabhängigkeit sorgen kann – ihre Vorräte reichen schließlich noch für 400 Jahre. Sie gibt unserer Wirtschaft Versorgungssicherheit, und darum kann man sich darauf verlassen: Kohle* ***fördert*** *Deutschland. [...]* (Deutsche Steinkohle; Stern 2005/ 23/77)

Wie erwähnt, sind hier die Lexeme *Kohle* und *Deutschland* jeweils in zwei grammatikalischen Rollen auffassbar: Zum einen kann Kohle als Subjekt und Deutschland als Objekt verstanden werden, zum anderen ist auch die umgekehrte Interpretation möglich.

Ein besonderer Fall syntaktischer Ambiguierung liegt im folgenden Beispiel vor:

(43/A) [Slogan:] *Energie ist unsere* ***Natur.*** *Sharp Solar.* (Sharp Solar; Stern 2005/31/147)

Der Begriff *Natur* besitzt die hier relevanten Bedeutungen 1.) „Gesamtheit aller organischen und anorganischen, ohne menschliches Zutun entstandenen Erscheinungen"; 2.) „Wesen, charakteristische Eigenschaft". Diese lexikalische Mehrdeutigkeit führt zwar nicht – wie im vorigen Beispiel – zu einer Subjekt-Objekt-Ambiguität, sie schafft jedoch eine Ambiguität zwischen Argument und Prädikat. Die zweite Deutungsvariante von *Natur* weist dem Begriff *Energie* die Rolle des Arguments zu, während die Lexemgruppe *ist unsere Natur* als Prädikat fungiert. Paraphrasiert werden kann die sich ergebende Aussage folgendermaßen: „(Die Erzeugung von) Energie ist für unser Unternehmen charakteristisch (denn wir sind ein Energiekonzern)." Diese Option ist aufgrund der konventionellen syntaktischen Abfolge „Argument – Prädikat" die näherliegende. Jedoch ist daneben auch die umgekehrte Konstellation denkbar: Das Lexem *Natur* kann auch in seiner erstgenannten Bedeutung interpretiert werden; in diesem Fall nimmt es zusammen mit dem Lexem *unsere* die Position des Arguments ein, während *Energie* und *ist* das Prädikat bilden. In diesem Fall lautet die Aussage: „Die natürlichen Erscheinungen unserer Umwelt sind eine Energiequelle"; eine Deutungsoption, die für einen Hersteller von Solaranlagen ebenso Sinn ergibt.

(Im Übrigen kommen auch für das Bezugsobjekt des Possessivpronomens *unsere* zwei Möglichkeiten in Frage: Wird *Natur* im Sinne von „charakteristische Eigenschaft" gedeutet, so bezieht sich *unsere* nur auf das werbende Unternehmen; im anderen Fall hingegen steht das Pronomen für die Menschheit im Allgemeinen, die von Erscheinungen ihrer natürlichen Umwelt umgeben ist.)

### c) Ambiguität durch Betonungsunterschiede

Ein ambiger Ausdruck kann je nach Betonung unterschiedliche Bedeutungen annehmen. Die folgende Print-Werbung enthält einen ambigen Ausdruck, der durch sprachliche Akzentuierung semantisch ausdifferenziert würde und dessen Mehrdeutigkeit sich folglich nur bei der Präsentation in gedruckter Form aufrechterhalten lässt. In gesprochenen Werbetexten, etwa im Fernsehen, muss sich der Sprecher auf eine der Betonungs-Varianten festlegen und würde damit bei betonungsabhängiger Ambiguität eine bestimmte Bedeutungsrichtung präferieren.

Daher ist diese Technik der Ambiguierung in der Print-Werbung besser zu praktizieren als in der Fernsehreklame (siehe hierzu auch Punkt 6.1).

(44/A) [Schlagzeile:] *Euromaster – Reifen, Räder, Bremsen, Ölwechsel, Stoßdämpfer*
[Slogan:] ***Alles dreht sich nur um Sie*** (Euromaster Reifenservice; Stern 2005/15/184)

Der Ausdruck *alles dreht sich um ...* kann zum einen phraseologisch gedeutet werden – demzufolge stehen die Wünsche des Kunden im Mittelpunkt der Bemühungen, die das werbende Unternehmen vollbringt; der Akzent würde in diesem Fall auf dem Wort *Sie* liegen. Da es sich jedoch bei dieser Firma um eine Service-Station (unter anderem) für Autoreifen handelt, ist zugleich eine wörtliche Interpretation möglich, bei der die Betonung eher auf *dreht* läge: Nach dieser Deutung handelt es sich beim Werbenden um eine Reparatur-Werkstatt, in der fleißig an Autoreifen gearbeitet wird – sodass sich um den Kunden herum „alles (d. h. jeder Reifen) dreht".

### d) Zeugma und Diaphora

Um Mehrdeutigkeit zu erzeugen, bedienen sich Werbeanzeigen bisweilen des semantisch inkongruenten Zeugmas (auch Syllepse genannt; Bußmann 2002: 763), das eine „Koordinierung partiell identischer Phraseologismen mit Tilgung der identischen Elemente" vornimmt (Burger/Buhofer/Sialm 1982: 78) und dadurch eine besonders kunstvolle Ambiguierungs-Technik darstellt. Beim semantisch inkongruenten Zeugma wird innerhalb eines Textes ein ambiger Ausdruck mit zwei anderen formalen Elementen (Lexemen oder Lexemgruppen) in einen Zusammenhang gebracht, die zwei verschiedene, stark voneinander abweichende Bedeutungen des Ausdrucks evozieren.

(45/A) [Schlagzeile:] *Wer sicher unterwegs sein will, fährt ein Auto mit einem **Stern.** Ha! Dabei gibt es doch eins mit 5.* [Bild: Renault Modus, darunter 5 Sterne.]
[Fließtext:] *Auf was kannst du dich eigentlich noch verlassen? Da hast du jahrelang gedacht, mit einem Stern auf der Haube fährst du am sichersten. Und dann das: Der Renault Modus – kaum da, bekommt er schon die Bestnote von 5 Sternen im Euro NCAP Crashtest. [...]* (Renault Modus; Stern 2005/21/2)

Der erste Satz der Schlagzeile verwendet das Wort *Stern* im Sinne eines sternförmigen Emblems; er spielt auf die Automarke Mercedes-Benz an, die dieses Emblem als Markenzeichen führt und deren Autos traditionell den Ruf haben, bei einem Unfall die Insassen besonders gut zu schützen. (Eine Anspielung, die im Fließtext erneut aufgegriffen wird.) Im zweiten Satz der Schlagzeile hingegen erhält der (nunmehr wie bei einer Ellipse ausgelassene) Begriff *Stern* eine andere Bedeutung: Hier bezeichnet er das Qualitätssymbol des angesprochenen Crashtest-Bewertungssystems; fünf Sterne entsprechen in diesem System der Bestnote. Diese Kontrastierung der beiden Bedeutungen soll vermutlich – neben der Belustigung über zwei inkompatible Deutungsoptionen – im Unterbewusstsein des Rezipienten den Eindruck erwecken, dass das beworbene Auto noch viel mehr Insassenschutz biete als die Fahrzeuge der Marke Mercedes-Benz.

Ein Zeugma in Form eines Phraseologismus liegt in den beiden folgenden Fällen vor (die Phraseologismen lauten hierbei *eine klare Sprache sprechen* = [phraseologisch] „sehr aussagekräftig sein“ bzw. *nicht die Welt kosten* = [phraseologisch] „nicht zu viel kosten, erschwinglich sein“):

(46/A) [Fließtext:] *[...] Sein Navigationssystem* ***spricht eine*** *genauso* ***klare Sprache*** *wie sein Preis, und die Ausstattung [...] lässt ebenfalls keine Fragen offen.* (Mazda6 Sport Kombi; Stern 2005/07/183)

(43/A) *[...] Photovoltaik: kostet nicht* ***die Welt,*** *aber schont sie.* (Sharp Solar; Stern 2005/31/147)

In beiden Fällen evoziert ein Satzelement (*Navigationssystem* bzw. *schonen*) die wörtliche, ein anderes (*Preis* bzw. *kosten*) die übertragene Lesart des Phraseologismus.

Das folgende Zeugma verbindet eine allegorische Bedeutung mit der wörtlichen:

(47/A) [Fließtext:] *Mit 50 Gramm Allgäuer Emmentaler am Tag decken Sie den empfohlenen Tagesbedarf an Calcium zu 51 Prozent, an Eiweiß zu 30 Prozent und an Vitamin A zu 17 Prozent. Dazu kommen das hochwertige Milcheiweiß, das leicht verdauliche Milchfett sowie weitere Vitamine und Mineralstoffe. Und mit diesem Wissen kann der Kopf gar nicht anders als dem* ***Bauch*** *voll und ganz zustimmen, wenn der auch in diesem Jahr wieder nach mehr Käse verlangt.* (CMA, deutscher Käse; Stern 2005/15/163)

*Bauch* besitzt hier zum einen die wörtliche Lesart „Körperteil der Verdauung“ (evoziert durch den Nachsatz *wenn der auch in diesem Jahr wieder nach mehr Käse verlangt*) und zum anderen die allegorische Bedeutung „Sitz des Gefühls“ (analog zu *Kopf* als Sitz der Vernunft).

Eine Variante des Zeugmas stellt die Diaphora dar, bei der verschiedene Bedeutungsvarianten desselben Wortes einander gegenübergestellt werden, indem dieses Wort mehrfach und dabei in unterschiedlichen Bedeutungen verwendet wird (Janich 2001: 143; Bußmann 2002: 166). Die Wiederholung muss dabei in einem engen räumlichen Zusammenhang erfolgen, damit die Gegenüberstellung als solche erkannt und als überraschend empfunden wird. Im folgenden Beispiel wird der Begriff *für* wiederholt und dabei in zwei unterschiedlichen Bedeutungen verwendet (1. „vorgesehen/geeignet für“; 2. „zum Preis von“):

(48/A) [Schlagzeilen:] ***Für*** *Profis.* ***Für*** *Aufgeweckte.* ***Für*** *9,95 € grenzenlos Surfen!* (T-Online Flatrate; Stern 2005/49/41)

### e) Ambiguität zwischen lexikalisierter und nicht lexikalisierter Bedeutung

Wie bereits anhand einzelner Beispiele in Kapitel 8 gezeigt wurde, können sich bei mehrdeutigen Ausdrücken verschiedene Bedeutungen mit unterschiedlichem Grad der Lexikalisierung, d. h. der Etablierung im Sprachbewusstsein des Rezipienten, gegenüberstehen. In diesem Fall ist der ambiguierte Ausdruck im Lexikon des Sprachbenutzers konventionell nur einer Bedeutung gespeichert – oftmals in übertragener Lesart. Durch einen entsprechenden Sinn- oder Bildzusammenhang reaktiviert die Werbung jedoch eine nicht lexikalisierte Variante.

Wie erwähnt, findet sich im Werbespot der Firma Dallmayr ein Kompositum, bei dem eine nicht-etablierte Bedeutung aktiviert wird:

(19/S) [Szene: Verkaufsraum des Kaffeehauses Dallmayr in München.] *Es ist nur eine kleine Geste.* [Szene: Hand bindet Schürze.] *Es ist nur ein Detail.* [Szene: Hand prüft Gewichte für Waage und putzt Namensschild.] *Und manchmal ist es nur ein kleiner **Augenblick.*** [Szene: Frau blickt in Richtung eines Kunden, der außerhalb des Fernsehbildes steht.] *Es sind die kleinen Dinge, die das Gute besonders machen. [...]* (Dallmayr Prodomo; ARD 10.01.2006)

Das Kompositum *Augenblick* ist konventionell als Wortmetapher (Burger 2003: 97) oder Kompositionsmetapher aufzufassen, die als Ganzes metaphorisiert ist (Fleischer 1995: 99). Durch das Szenenbild des Werbespots wird das Kompositum „Augenblick" jedoch in seiner wörtlichen Bedeutung reaktiviert.

Im folgenden Beispiel geschieht diese Reaktivierung dadurch, dass einem üblicherweise figurativ gebrauchten Wort (*wundervoll*) seine wörtliche Paraphrasierung syndetisch gegenübergestellt wird:

(49/A) [Schlagzeile:] ***Wundervoll** und **voller Wunder.*** (Lexus IS; Stern 2005/49/14)

Auch auf der Ebene eines (polylexikalen) Phraseologismus ist das Switching zwischen einer lexikalisierten und einer nicht lexikalisierten Bedeutung möglich:

(50/A) [Mann am Handy:] *„Schatz, ich habe ein bisschen **Farbe bekommen...**"* [übernächste Seite: Mann trägt Tätowierung am Oberkörper.] *Weil manche Gespräche mehr Zeit brauchen: ab der 2. Minute kostenlos telefonieren. [...]* (Vodafone CallYa-OpenEnd; Stern 2005/41/239,241)

*Farbe bekommen* ist im Sprachbewusstsein konventionell nur unter der Bedeutung „durch die Sonne gebräunt werden" lexikalisiert. Die ungewohnte wendungsexterne Variante „(durch Tätowierung) bunte Farbe aufgetragen bekommen" wird dem Rezipienten nur durch das Visual bewusst. Sie erhält einen besonderen Überraschungseffekt dadurch, dass dieses Bild erst im zweiten Teil der Anzeige zu sehen ist, der sich auf der übernächsten Seite befindet, und somit erst durch Weiterblättern sichtbar wird – d. h. nachdem der Rezipient den Phraseologismus *Farbe bekommen* bereits wahrgenommen und in konventioneller Bedeutung ausgelegt hat.

### f) Ambiguierung von Produktnamen

Produktnamen, die zugleich in der natürlichen Sprache als Wörter bzw. Wortgruppen existieren, können in die Werbeaussage (z. B. in den Slogan) integriert werden und dort den Doppelcharakter des Eigennamens und zugleich eines lexikalisierten Wortes annehmen. Dies geschieht beispielsweise in den folgenden Fällen:

(51/A) [Slogan:] *wirtschaft braucht* ***impulse*** (Unternehmermagazin Impulse; Stern 2005/35/138)

(52/S) [Slogan:] *Guten Freunden gibt man ein* ***Küsschen.*** (Ferrero Küsschen; RTL 18.03.2006)

(53/S) [Szene: Frau geht in Wellness-Oase.] *Jacobs Krönung Balance. Der einzigartige Wohlfühl-Kaffee mit vollem Aroma und ausbalanciertem Koffein. [...] Finde* ***Balance.*** *Jacobs Krönung Balance.* [Szene: Frau steht mit ausgestreckten Armen auf einem Bein.] (Jacobs Krönung Balance; RTL 10.02.2006)

Oftmals kann in eine Werbeaussage, die einen auf diese Weise ambiguierten Produktnamen enthält, eine implizite Botschaft durch Verkoppelung der Bedeutungsvarianten hineingedeutet werden: So lässt sich etwa aus der Ambiguität des Begriffs *Impulse*, der einerseits „Anregungen" bedeutet und andererseits den Namen einer Zeitschrift darstellt, folgende Werbeaussage kombinieren: „Wirtschaft braucht Anregungen, deshalb braucht Wirtschaft die Zeitschrift *Impulse*."

### g) Ambiguität auf sprachpragmatischer Ebene

In zahlreichen Werbungen – vor allem in Werbeslogans – liegt eine sprachpragmatische Ambiguität vor, d. h. eine auf mehrere Arten interpretierbare Sprechhandlung. Hierzu die drei folgenden Beispiele:

(43/A) [Slogan:] *Energie ist unsere* ***Natur.*** *Sharp Solar.* (Sharp Solar; Stern 2005/31/147)

Wie im Abschnitt b erwähnt, kann dieser Slogan folgende Aussagen enthalten: 1.) „(Die Erzeugung von) Energie ist für uns (als Energiekonzern) charakteristisch"; 2.) „Die natürlichen Erscheinungen unserer Umwelt sind eine Energiequelle". Mit dieser semantischen ist eine pragmatische Ambiguität verbunden: Während die erste Variante lediglich eine Aussage über das werbende Unternehmen darstellt, kann die zweite Möglichkeit zugleich als Appell an den Konsumenten verstanden werden, Phänomene der Natur (wie das Sonnenlicht) vermehrt als Energiequelle zu nutzen.

(54/S) [Slogan:] *Gute Preise.* ***Gute Besserung.*** (Ratiopharm; ARD 10.01.2006)

Die Routineformel *Gute Besserung* ist gebräuchlich, um gegenüber einer kranken Person den Wunsch nach baldiger Genesung auszudrücken. Der Text- und der Produktzusammenhang (insbesondere der syntaktische Parallelismus zur vorausgehenden Prädikation *Gute Preise*) lassen es jedoch in diesem Fall auch zu, den Phraseologismus als beschreibende Aussage über das beworbene Produkt zu deuten – die mit den Worten paraphrasiert werden kann: „Arzneimittel von Ratiopharm sorgen für eine gute Besserung / baldige Genesung".

(55/A) [Bild: Frau im Auto; macht sich Gedanken:] *Kann man sich gegen Stromausfall versichern? Was bringt uns Einspar-Contracting? Sind unsere Gebäude optimal isoliert? [...]*
[Fließtext:] ***Ihre Energie-Sorgen möchten wir haben.*** *Denn wir wissen, wie man sie löst. [...]* (Vattenfall; Stern 2005/49/57)

Konventionell drückt der Phraseologismus *Deine Sorgen möchte ich haben!* das Unverständnis des Sprechenden darüber aus, dass – seiner Meinung nach – sich der Kommunikationspartner unnötigerweise um Belanglosigkeiten sorgt, während der Sprechende weitaus größere Sorgen hat. Im vorliegenden Fall schwingt zwar die Botschaft noch mit, dass der Verbraucher sich oftmals unnötigerweise Gedanken wegen Energiefragen mache. Gleichzeitig wird jedoch durch den zweiten Satz des Fließtextes auch die wendungsexterne Bedeutung evoziert – und mit ihr ein Wunsch: Das werbende Unternehmen möchte tatsächlich, dass der Verbraucher es ihm überlässt, gewisse Probleme fachmännisch zu lösen.

Im ersten Beispiel kommt die sprachpragmatische Ambiguität durch die Polysemie eines Lexems (*Natur*, siehe Abschnitt b) zustande. Das zweite und das dritte Beispiel arbeiten mit sprechaktgebundenen phraseologischen Einheiten (Begriff nach Palm 1997: 33). Sie sind konventionell an eine bestimmte Gesprächssituation und damit an eine bestimmte sprachpragmatische Funktion (Sprechhandlungs-Funktion) gebunden, können aber durch den Zusammenhang überraschend aus dieser konventionalisierten Sprechakt-Situation und damit aus ihrer sprachpragmatischen Bedeutung herausgelöst werden. Durch entsprechende Textsignale wird hierbei die wendungsexterne Aussage des betreffenden Phraseologismus reaktiviert. Die konventionelle, wendungsinterne Bedeutung ist zumeist de-semantisiert und hat in diesem Fall folglich keine relevante semantische, sondern eher eine kommunikative Funktion (Burger 2003: 53): *Gute Besserung* als Wunschformel, *Deine Sorgen möchte ich haben!* als Ausdruck des Unverständnisses.

Oftmals geht mit der pragmatischen Doppeldeutigkeit auch ein Switching zwischen Konnotationen einher; auf dieses Phänomen wird im folgenden Abschnitt einzugehen sein.

### h) Ambiguität durch Spiele mit unterschiedlichen Konnotationen und durch inszenierte Negativität

Unter Konnotationen sind (nach Palm 1997: 16; Bußmann 2002: 368) Bedeutungskomponenten zu verstehen, die die denotative Grundbedeutung eines Ausdrucks überlagern und diesen semantisch mit einem bestimmten Nebensinn anreichern. Ein solcher Nebensinn ergibt sich normalerweise aus sprachlichen Konventionen.

Insbesondere in Werbeanzeigen oder -spots, in denen mit der Ambiguität auf pragmatischer Ebene gespielt wird (siehe Abschnitt g), stehen sich oft zwei Bedeutungen gegenüber, die unterschiedlich konnotiert sind: Die rein denotative Variante besitzt einen positiven oder zumindest neutralen Charakter, die konnotative Variante hingegen berührt den Rezipienten auf negative Weise (Sabban 1998: 92f.), da sie konventionell in einem negativen Sinn verwendet wird. Dieser negative Nebensinn wird durch sprachliche Nuancen (v. a. bestimmte affektive Sprachpartikeln) oder auch durch den Text- oder Visualzusammenhang hervorgerufen. Im weiteren Verlauf findet durch den Textzusammenhang eine Disambiguierung hin zu einer positiv oder neutral konnotierten Deutungsoption statt. Sabban (1998: 73ff.) spricht hierbei von inszenierter Negativität.

Bereits in Kapitel 8 wurden folgende Fälle behandelt:

(04/A) [Schlagzeile:] ***Denken Sie auch mal an was anderes als an Geld?***
[Unterzeile:] *An Zinsen vielleicht?*
[Fließtext:] *Dann wird Ihnen das gefallen: hohe Zinsen ab dem ersten Euro. [...]* (Volkswagen Bank direct; Stern 2005/01/127)

(39/A) [Schlagzeile:]*Unser Handicap:* ***Wir können einfach nicht verlieren.***
[Fließtext:] *Die DWS ist zum 11. Mal in Folge Deutschlands beste Fondsgesellschaft. Dies ist das Ergebnis von Standard & Poor's, die 62 in- und ausländische Fondsgesellschaften bewertet hat. [...]* (DWS Fonds; Stern 2005/13/93)

(16/A) [1. Bild: schmucke Hausfassade.] *Was finden Sie oft* ***hinter den schönsten Fassaden?***
[2. Bild: Wohnzimmer.] *Einrichtungen von Schildknecht, Stuttgart.* (Schildknecht; Stern 2005/41/146)

(03/A) [Schlagzeile:] *Es gibt* ***nicht einen einzigen*** *Grund, sich eine Joker Jeans zuzulegen. Es sind immer mindestens fünf.* (Joker Jeans; Stern 2005/29/6)

In Fall 04 stellt sich der anfänglich wie ein Vorwurf wirkende erste Satz beim Lesen des zweiten Satzes als neutrale Frage heraus.

Anzeige 39 spielt mit der Ambiguität des Ausdrucks *nicht verlieren können*; dieser besitzt die Bedeutungen: 1.) „Niederlagen nicht verkraften"; 2.) „über die Gefahr einer Niederlage erhaben sein". Wie erwähnt, befindet sich die Anzeige innerhalb eines Sonderteils über

Golfsport in der Zeitschrift „Stern“. Daher wird dem Rezipienten zunächst die erstgenannte Bedeutung nahegelegt, die eine negative Konnotation besitzt, da sie auf Charakterschwäche einer Person beim Spiel schließen lässt. Der Fließtext macht nachfolgend jedoch deutlich, dass die zweite, überwiegend positiv auszulegende, Bedeutung gemeint ist: Ihr zufolge besitzt das werbende Unternehmen derart positive Qualitäten, dass es die Konkurrenz ständig hinter sich lässt. (Als Negativum könnte der Rezipient aus dieser Variante allenfalls eine gewisse Überheblichkeit der werbenden Firma herauslesen).

Beispiel 16 arbeitet mit unterschiedlich konnotierten Bedeutungsvarianten des Begriffs *Fassade*, während Werbung 03 eine semantisch irreführende Negierungskonstruktion verwendet, die anfänglich von dem beworbenen Produkt abzuraten scheint, es jedoch letztendlich als besonders wertvoll darstellt (*nicht einen einzigen Grund* hat konventionell die Bedeutung: „keinen einzigen Grund“; in diesem Fall jedoch erhält die Formulierung durch den nachfolgenden Satz überraschend den Sinn: „mehr als einen einzigen Grund“).

Allen erwähnten Konnotationsspielen ist gemeinsam, dass sie vordergründig eine negative Aussage über den Werbenden, den Rezipienten oder das beworbene Produkt enthalten und diese Negativität sich im Gesamtkontext der jeweiligen Werbung als irreführend herausstellt. Der Rezipient erkennt letzten Endes zu seiner Erleichterung und Erheiterung, dass er die betreffende Textstelle anders hätte interpretieren sollen, nämlich ohne negativ empfundenen Unterton.

### i) Anzüglichkeiten

In heutiger Werbung finden sich bei Spielen mit sprachlicher Mehrdeutigkeit gelegentlich auch sexuelle Anzüglichkeiten. Anzüglicher Humor stellt einen Tabubruch dar, der die gesellschaftliche Moral bewusst missachtet und deshalb beim Rezipienten besondere Erheiterung auslöst (Sauer 1998: 214). Dies geschieht etwa in den folgenden Fällen:

(32/A) [Bild: Mann am Strand zieht einer Frau den Badeanzug aus; Fujifilm-Digitalkamera fotografiert diese Szene.]
[Schlagzeile:] ***Lassen Sie sich nichts entgehen!***
[Unterzeile:] ... *erst recht nicht das* ***verführerische Topmodell:*** *FinePix Z1.* (Fujifilm Digitalkamera; Stern 2005/25/47)

(56/A) [Bilder: George Clooney und das Team der Fernsehserie „Friends“, jeweils mit Angabe der Filmtitel „Emergency Room“ und „Friends“.]
[Schlagzeile:] *Erleben Sie ihr* ***erstes Mal.***
[Fließtext:] *Die ersten Staffeln der beliebten US-Erfolgsserien kommen zurück. Ab 10. Januar bei Kabel 1.* (Kabel 1, „Emergency Room“ und „Friends“; Stern 2005/03/88)

Im ersten Fall, der bereits in Kapitel 8 behandelt wurde, wird der Rezipient durch das anzügliche Visual zu einer frivolen Deutungsvariante des Satzes *Lassen Sie sich nichts entgehen* geradezu genötigt (was durch die Formulierung *das verführerische Topmodell* noch intensiviert wird) – wenngleich diese Variante nicht mit dem Produktzusammenhang kompatibel ist.

Die Frivolität im zweiten Fall ist weniger offensichtlich, da die anzügliche Bedeutung des Phraseologismus *erstes Mal* hier nicht durch das Bild evoziert wird. Da sich diese Wortverbindung im Sprachgebrauch mittlerweile jedoch im Sinne von „erstes sexuelles Erlebnis, erster Geschlechtsakt" lexikalisiert hat, wird sie vom Rezipienten höchstwahrscheinlich primär in dieser Bedeutung aufgefasst. (Das Pronomen *ihr* soll – wenngleich hier klein geschrieben – im Unterbewusstsein vermutlich zugleich als Anrede an den Rezipienten aufgefasst werden: Hieraus würde sich der spontane Eindruck ergeben, dass der Werbende dem Rezipienten zu einem sexuellen Erlebnis verhelfen wolle. Zu diesem Effekt vgl. auch Balsliemke 2001: 192.) Erst der Fließtext macht klar, dass eine „harmlosere" Bedeutung vorliegt: nämlich die ersten Staffeln zweier Fernsehserien bzw. die ersten Auftritte der abgebildeten Schauspieler innerhalb dieser Serien.

### j) Orthografische Varianten

Einen Grenzfall der Ambiguierung stellen Varianten eines Ausdrucks dar, die zwar homophon sind, jedoch unterschiedliche Orthografien aufweisen. Solche Wörter können auf phonetischer Ebene als ambig gelten, auf schriftlicher Ebene hingegen nicht (es sei denn, die Unterschiede in der Rechtschreibung werden durch typografische Besonderheiten überspielt, etwa mittels Anfangsgroßschreibung wie in Fall 57).

Ein Beispiel für Ambiguität mit orthografischen Varianten ist der bereits unter Punkt 8.2.2, Abschnitt d, behandelte Werbespot:

(30/S) [Szene: Plakat mit Reisschüssel; mehrmaliger Abriss, dadurch kommt jeweils eine neue Reissorte zum Vorschein.] *Raus aus der* ***Reis****-Routine! Oryza –* ***iss*** [+s] *anders! [...]* (Oryza Reis; ARD 10.01.2006)

Wie schon unter Punkt 6.1 angedeutet, lässt sich in der Fernsehwerbung das Spiel mit Homophonie bei unterschiedlichen Schreibweisen besser realisieren als in der Print-Werbung, da im Fernsehen die phonetisch mehrdeutige Textstelle nicht schriftlich präsentiert werden muss und somit die Gleichrangigkeit der verschiedenen Bedeutungen nicht beeinträchtigt wird, während die gedruckte Reklame eine Variante schriftlich realisiert und ihr damit die Präferenz einräumt.

Allerdings kann die Print-Werbung in bestimmten Fällen die orthografischen Unterschiede durch eine spezielle Typografie kaschieren:

(57/A) [Bild: Bergmassiv.] ***Massiv** im Kommen: Auf Extratour in Südtirol. [...]* (GEOsaison; Stern 2005/37/79)

Das Lexem *Massiv* kann einerseits als (regulär mit kleinem Anfangsbuchstaben geschriebenes) Adjektiv mit der Bedeutung „stark“ aufgefasst werden; dies ergäbe die Bedeutung, dass Touren in Südtirol stark an Popularität gewinnen – *im Kommen* besäße also einen übertragenen Sinn. Jedoch ist *Massiv* im vorliegenden Fall aufgrund der Anfangsgroßschreibung (die sich durch die Position am Satzanfang ergibt) auch als Nomen interpretierbar, das so viel wie „Gebirgsstock“ bedeutet. (Da sich ein Gebirgsstock allerdings nicht selbst bewegen kann, ist diese Auslegung nur mit einer verblassten wörtlichen Bedeutung von *kommen* vereinbar: „zunehmend näher erscheinen, da man selbst sich auf das Objekt zubewegt“.)

## k) Häufungen von Ambiguierung innerhalb einer Anzeige

Besonders innerhalb des Fließtextes einer Anzeige finden gelegentlich in dichter Folge mehrere Ambiguierungen statt. So besitzt eine Werbeanzeige für den Bus- und Bahnverkehr in Deutschland folgenden Fließtext:

(58/A) *Ob Sie zur Arbeit wollen oder zum Unterricht müssen – es gibt keinen besseren **Weg** als mit Bussen und Bahnen. Anders lässt es sich nicht erklären, dass uns täglich 27 Millionen Menschen wählen. Gäbe es eine Partei der Bus- und Bahnfahrer, sie wäre Deutschlands **treibende Kraft.** Denn wer täglich 27 Millionen Menschen **bewegt, bringt** auch ein ganzes Land **voran.*** (Busse & Bahnen; Stern 2005/33/97)

Innerhalb von vier aufeinanderfolgenden Sätzen häuft die Anzeige vier ambige Ausdrücke, bei denen jeweils mindestens eine Bedeutung in den Wissensrahmen „Verkehrsmittel“ passt: *Weg* (1. „verbindende Strecke zwischen zwei Orten“; 2. „Möglichkeit, Art und Weise“), *treibende Kraft* (1. „Kraft, die eine physische Bewegung bewirkt“; 2. „Person oder Institution, die eine Person oder Gemeinschaft zu einer erfolgreichen Leistung motiviert“), *jemanden bewegen* (1. „jemanden in einen physischen Bewegungszustand versetzen“; 2. „jemanden [gedanklich] beschäftigen“) und *jemanden/etwas voranbringen* (1. „jemanden/etwas physisch fortbewegen“; 2. „jemandem/etwas zu Fortschritten verhelfen“).

Nebenbei ruft der Textzusammenhang für das Verb *wählen* im zweiten Satz nicht nur die Bedeutung „sich unter mehreren Verkehrsmitteln für eines entscheiden“ ins Bewusstsein, sondern im Unterbewusstsein auch eine zweite Variante (wenngleich diese im Text- und Produktzusammenhang nicht passt): „für eine politische Partei stimmen“. Zum einen geschieht dies durch die vorausgehende Wortgruppe *27 Millionen Menschen* (eine Größenordnung, die stark an Zahlenangaben zu politischen Wahlen erinnert), zum zweiten durch die nachfolgend (in einem irrealen Bedingungssatz) genannte *Partei der Bus- und Bahnfahrer*; als äußerer Umstand kommt außerdem hinzu, dass die Anzeige während des Bundestagswahlkampfs 2005 erschien.

### l) Wiederholte Ambiguierungs-Schemata in verschiedenen Werbungen desselben Anbieters

In zahlreichen Fällen des vorliegenden Korpus ist festzustellen, dass bestimmte Anbieter in verschiedenen Anzeigen jeweils das gleiche Schema der Ambiguierung verwenden.

Bereits unter Punkt 8.2.2 wurde eine Werbeanzeige des Nachrichtensenders N24 betrachtet, die mit der Ambiguität des Begriffs *Nummer eins* sowie mit einer darauf beruhenden offenen Referenz spielt:

(26/A) [Bilder: Bundeskanzler Gerhard Schröder und CDU-Oppositionsführerin Angela Merkel am Rednerpult.]
[Schlagzeile oben:] ***Nummer eins** wird man nur mit dem richtigen **Programm.***
[Schlagzeile unten:] *Die Bundestagswahl live. Am 18.9. ab 17 Uhr auf N24. [...]*
[Fließtext:] *N24 ist Deutschlands Nachrichtensender Nummer eins. Kommen Sie zur Sache: Holen Sie N24 auf der Fernbedienung weiter nach vorne. [...]* (N24; Stern 2005/37/168)

Die Mehrdeutigkeit des Begriffs *Nummer eins* und die damit erzeugte offene Referenz werden von diesem Sender auch in einer weiteren Anzeige genutzt:

(59/A) [Bild: Statue von Saddam Hussein wird vom Podest gestoßen.]
[Schlagzeile:] *Für eine neue **Nummer eins räumt man** schon mal **den Platz.***
[Fließtext:] *N24 ist Deutschlands Nachrichtensender Nummer eins. Kommen Sie zur Sache: Holen Sie N24 auf der Fernbedienung weiter nach vorne. [...]* (N24; Stern 2005/23/151)

Als weitere Parallele eröffnen beide Anzeigen bereits in der Schlagzeile die Aussage, dass der Sender einen neuen (vorderen) Speicherplatz in den Fernsehgeräten seines Publikums beansprucht. Dies geschieht in beiden Fällen jeweils durch die Kombination zweier mehrdeutiger Begriffe: In Anzeige 26 entsteht durch die ambigen Ausdrücke *Nummer eins* und *Programm* die Interpretationsmöglichkeit, dass ein Fernsehsender die richtigen Inhalte bieten müsse, damit ihm der Zuschauer einen vorderen Programmplatz einräumt. In Fall 59 wird der Begriff *Nummer eins* mit dem Phraseologismus *den Platz räumen* kombiniert. In Verbindung mit der (in beiden Anzeigen zu findenden) Fließtext-Aussage, dass N24 „Deutschlands Nachrichtensender Nummer eins“ sei, und der Aufforderung, N24 „auf der Fernbedienung weiter nach vorne zu holen“, lässt sich die Schlagzeile in Anzeige 59 daher als Aufforderung deuten, der Leser möge dem Sender aufgrund dessen marktführender Position einen (vorderen) Programmplatz im Fernseher freimachen.

Der Slogan der „Frankfurter Allgemeinen Zeitung“, ohnehin einer der bekanntesten Werbesätze der Gegenwart, verwendet innerhalb des untersuchten Korpus in drei Anzeigen dieselben ambigen Phraseologismen *hinter etwas stecken* und *kluger Kopf*:

(27/A, 60/A, 61/A) [Slogan:] ***Dahinter steckt*** *immer ein* ***kluger Kopf.*** (Frankfurter Allgemeine Zeitung; Stern 2005/03/44f., Stern 2005/ 27/48f., Stern 2005/41/188f.)

Die Visuale der drei Anzeigen verbinden den Slogan mit unterschiedlichen prominenten Personen, die auf dem Bild jeweils die beworbene Zeitung lesen: Im ersten Fall zeigt das Bild die Berliner Philharmoniker auf der Konzertbühne, im zweiten Fall den Maler Georg Baselitz vor einem Großgemälde, im dritten Fall den Boxer Vitali Klitschko vor einer Pyramide.

## 9.2 Werbekommunikative Funktionen der sprachlichen und rhetorischen Techniken

Im Folgenden soll zusammenfassend betrachtet werden, welche der werbekommunikativen Funktionen, die unter Punkt 5.3 für die Ambiguierung im Allgemeinen aufgezeigt wurden, von den beschriebenen sprachlichen und rhetorischen Ambiguierungs-Techniken im Einzelnen wahrgenommen werden.

Ein **elliptischer Satzbau,** der eine syntaktische Leerstelle bewirkt, vermag besonders gut die Funktion der Deutungsfreiheit zu erfüllen: Der Rezipient wird durch eine Ellipse aktiv in das Sprachspiel eingebunden und dazu angeregt, den Satz in Gedanken zu vervollständigen (Baumgart 1992: 300; Bahramnia 2002: 82). Durch seine „Ergänzungsarbeit“ empfindet der Rezipient den Slogan als Eigenprodukt, in dem er sich wiedererkennt, von dem er sich daher besonders angesprochen fühlt und den er in hohem Maße akzeptiert (Baumgart 1992: 300); hierdurch lassen sich auch die persuasiven Absichten der Werbung verschleiern. Daneben bringt diese Einbindung den positiven Effekt mit sich, dass der Rezipient sich intensiv mit der betreffenden Werbung auseinandersetzt und er diese dadurch eher memoriert. Weiterhin lässt sie den Werbenden kreativ und die betreffende Werbung amüsant wirken. Der Irritationseffekt und damit das Erregen von Aufmerksamkeit dürften allerdings weniger gelingen als bei anderen Ambiguierungs-Techniken, da ein elliptischer Satzbau in der Werbesprache ein eher unauffälliges Stilmittel ist. Dadurch bleibt möglicherweise manche mehrfache Interpretierbarkeit unentdeckt, die sich hinter einer Ellipse verbirgt.

Eine **Unklarheit des Bezugs zwischen syntaktischen Komponenten** kann zur Irritation und somit zur erhöhten Aufmerksamkeit des Rezipienten führen, der sogleich versuchen wird, die Mehrdeutigkeit aufzulösen; dies führt dazu, dass er sich gedanklich mit der betreffenden Werbung näher auseinandersetzen und diese sich ihm besser einprägen wird. Wichtig ist auch bei dieser Technik der Effekt der Deutungsfreiheit, da der Rezipient beim Interpretieren den syntaktischen Komponenten verschiedene grammatikalische (und semantische) Rollen zukommen lassen kann. Eine gekonnte Mehrdeutigkeit auf grammatikalischer Ebene kann weiterhin unterhaltsam wirken, dadurch zu einer besseren Memorisierung führen und den überredenden Charakter der Werbung in den Hintergrund treten lassen. Diese Ambiguierungs-Technik kann somit alle unter Punkt 5.3 genannten kommunikativen Effekte bewirken.

Gleiches gilt für das Spiel mit **unterschiedlichen Betonungsvarianten;** im Vordergrund dürfte hierbei die Erheiterung des Rezipienten über die Kuriosität stehen, allein durch unterschiedliche Akzentuierungen differierende Bedeutungsinhalte desselben Ausdrucks herbeizuführen. Aus diesem amüsanten Erlebnis folgt wiederum eine bessere Einprägsamkeit. Zumindest im Falle schriftlicher Präsentation, bei der dem Rezipienten keine Betonungs- und damit Bedeutungsvariante vorgegeben wird, kommt auch die Interpretationsfreiheit besonders zum Tragen.

Die Aufmerksamkeitserregung beim Rezipienten ist zentrale Leistung des **Zeugmas,** das oft auf kuriose Weise zwei semantisch inkompatible Bedeutungen bzw. Bedeutungsebenen in einem Ausdruck vereint und damit eine besondere Irritation bewirkt. Das Erschließen dieser verschiedenen Bedeutungsebenen führt zu einer intensiven gedanklichen Reflexion. Hierdurch und durch das besonders witzig erscheinende Sprachspiel des Zeugmas kommt es zu einem erhöhten Memorisierungs- und Belustigungseffekt und kann die persuasive Taktik verschleiert werden. Deutungsfreiheit ist beim Zeugma hingegen nicht gegeben, da durch die vorhandenen Textelemente, mit denen der ambige Ausdruck in Verbindung steht, die verschiedenen Bedeutungsvarianten eines Ausdrucks als gleichrangig vorgegeben werden (und somit im Bewusstsein des Rezipienten keine Variante dominieren kann). Zum Sonderfall der **Diaphora** ist anzumerken, dass es sich hierbei – im Unterschied zu den anderen in dieser Analyse angesprochenen Formen des Sprachspiels – um ein „horizontales Wortspiel" handelt (Sauer 1998: 102); dies bedeutet, dass mehrere gleichlautende Ausdrücke mit unterschiedlichen Bedeutungen einander gegenübergestellt werden. (Die ansonsten übliche Vereinigung mehrerer Bedeutungen in einem einmal vorkommenden Ausdruck wird dementsprechend als „vertikales Wortspiel" bezeichnet.) Laut Sauer (1998: 229) haben horizontale Wortspiele den Vorteil, als sprachliche Abweichungen leichter erkannt zu werden als vertikale Spiele, bei denen der Doppelsinn durch ein nur einmaliges Auftreten des betreffenden Ausdrucks und somit durch eine „Überlagerung" beider Bedeutungen zustande kommt.

Erhöhte Aufmerksamkeit durch Irritation ist auch beim **Switching zwischen einer lexikalisierten und einer nicht lexikalisierten Bedeutung** ein wesentlicher Effekt. Er kommt zustande durch die überraschend aktivierte unkonventionelle Bedeutung eines Ausdrucks. Da der Rezipient nachfolgend versuchen wird, die richtige Bedeutungsvariante zu identifizieren, setzt auch eine intensive gedankliche Reflexion ein. Hervorzuheben sind im Übrigen die besondere humoristische Wirkung durch die kuriose, da ungewöhnliche Bedeutungsauslegung, die mit einem solchen Sprachspiel ins Bewusstsein gerufen wird, sowie der Memorisierungseffekt.

Die **Integration eines Produktnamens,** der zugleich als natürliches Wort auffassbar ist, in den Werbeslogan wirkt in erster Linie amüsant und kreativ, was die Einprägsamkeit des Slogans steigert; außerdem räumt die betreffende Werbung dem Rezipienten durch den Doppelcharakter des Produktnamens auch eine Wahlfreiheit bei der Interpretation ein. All dies bewirkt wiederum eine Ablenkung vom manipulierenden Werbecharakter.

Auch beim Spiel mit **Ambiguität auf pragmatischer Ebene** kommt die Deutungsfreiheit stark zur Geltung, soweit es sich um eine kontextgestützte Ambiguität handelt (wie etwa in den Fällen *Gute Preise. Gute Besserung.* und *Energie ist unsere Natur*). Die raffinierte Art der Ambiguierung zwischen phraseologischer und freier Bedeutung bei sprechaktgebundenen Formeln wirkt zudem ungewohnt und dadurch aufmerksamkeitssteigernd, im Weiteren kreativ, unterhaltsam und einprägsam.

Ausführlicher ist auf das Ziel einzugehen, das hinter einem **Switching zwischen negativer und positiver bzw. neutraler Konnotation** steht.

Auch das Spiel mit inszenierter Negativität und unterschiedlichen Konnotationsebenen verfolgt die Ziele, Aufmerksamkeit durch Überraschung zu erregen, den Rezipienten zur gedanklichen Reflexion zu veranlassen, durch eine letztendliche Belustigung kreativ und witzig zu wirken und sich auf diesem Wege ins Gedächtnis des Rezipienten einzuprägen.

Dabei macht sich die Werbung das Zusammenwirken zweier Basispräsuppositionen zunutze, die im Bewusstsein des Rezipienten verankert sind: Zum einen geht der Rezipient davon aus, dass der Werbende an einer positiv gerichteten Kommunikation mit ihm interessiert ist (Sabban 1998: 73). Dazu gehört auch die Annahme, dass die Werbung nicht zum Ziel hat, den Rezipienten zu einer kritischen Haltung gegenüber dem beworbenen Produkt anzuregen (Bahramnia 2002: 232f.) – oder ihn gar mit einer beleidigenden Aussage abzustoßen. Zum anderen ist der Rezipient aufgrund seiner Erfahrung mit der Textsorte Werbung auch damit vertraut, dass er bei dieser Textgattung mit überraschenden Wendungen zu rechnen hat, die nicht immer ernst zu nehmen sind (Bahramnia 2002: 233; siehe auch Punkt 5.2 im vorliegenden Buch). Nur durch diese Vertrautheit mit der Kommunikationsform der Werbung ist gewährleistet, dass der Rezipient ein Spiel mit negativen Konnotationen als inszeniertes Sprachspiel erkennt und sich davon nicht tatsächlich abgestoßen fühlt (Sabban 1998: 74; ebd. 93; Bahramnia 2002: 229; ebd. 234). Jede Fehlinterpretation wäre für die Wirkung der betreffenden Werbung und für das Ansehen des Werbenden beim Rezipienten verhängnisvoll.[27]

Durch das Zusammenwirken dieser beiden Basispräsuppositionen reagiert der Rezipient zwar auf einen scheinbar negativen Werbeinhalt zunächst mit einer gewissen Überraschung (Hegedüs-Lambert 1995: 223; Bahramnia 2002: 118), die den Effekt der Aufmerksamkeitssteigerung mit sich bringt. Doch interpretiert er eine solche Werbeaussage nicht tatsächlich negativ oder wendet sich gar ab, sondern wird dazu animiert, weiterzulesen und sich Gedanken zu machen, wie die Aussage alternativ zu deuten sein könnte (Sabban spricht von einer „Interpretation gegen den Strich der Gewohnheit", Sabban 1998: 75). Das letztendliche Auflösen der aufgebauten Irritation bewirkt beim Rezipienten eine befreiende, positiv empfundene Erheiterung (Sabban 1998: 92); nunmehr empfindet er die Werbeaussage (und den Werbenden) als originell, kreativ und witzig.

Das Spiel mit **Anzüglichkeiten** erzeugt durch schlüpfrig wirkende Aussagen vermutlich zunächst ein intensives Aufmerken des Rezipienten. Dieses entsteht aufgrund der ungewöhnlichen Offenheit, mit der hier anrüchige Inhalte geäußert werden. Diese Offenheit dürfte beim Rezipienten zum einen das Gefühl der Befremdung hervorrufen, da hier ein gesellschaftliches Tabu übertreten wird; eine solche Unstimmigkeit treibt den Leser vermutlich dazu an, über die Anzeige stärker zu reflektieren, um den Widerspruch zu geltenden Konventionen aufzulösen. Zum anderen jedoch kann auch das geheime Interesse an frivolen Themen angestachelt werden, das vielen Rezipienten innewohnt.

Zwischen dem anfänglichen Vermuten einer anzüglichen Bedeutung und ggf. dem anschließenden Entdecken einer harmlosen Variante besteht ein besonders starkes Spannungsverhält-

---

[27] Die Notwendigkeit einer bestimmten Einstellung des Rezipienten zur Textsorte Werbung vergleicht Sabban (1998: 93) mit in der Alltagssprache geäußerten Anzüglichkeiten oder scheinbaren Unverschämtheiten, die ebenfalls nur bei einer gesicherten positiven Beziehung zwischen den Kommunikationspartnern humorvoll und harmlos wirken.

nis: Da die meisten Rezipienten im Unterbewusstsein vermutlich eine frivole Werbung und das Konsumieren solcher Botschaften als Tabubruch empfinden, dürfte die letztendliche Erleichterung und Erheiterung darüber, dass eine harmlose Bedeutung gemeint ist, entsprechend groß sein. Zudem kann eine auf den ersten Blick obszön scheinende, aber nicht anzüglich gemeinte Variante bewirken, dass sich der Rezipient ertappt fühlt, wenn er zwar diese Bedeutung zuerst realisiert, aber auf den zweiten Blick bemerkt, dass in Wirklichkeit eine unverfängliche Interpretationsmöglichkeit gemeint ist. Ein solches Gefühl wiederum kann den Rezipienten in Verlegenheit und den Werbenden dadurch in eine Position der Überlegenheit bringen (Sauer 1998: 214). Generell dürfte sich außerdem ein Spiel mit Schlüpfrigkeiten besonders intensiv ins Gedächtnis des Rezipienten einprägen. Keine Rolle spielt hingegen bei anzüglichen Ambiguitäten der Effekt der Interpretationsfreiheit zwischen verschiedenen Bedeutungsvarianten, da die anzügliche Variante normalerweise im Gesamtkontext nicht aufrechterhalten wird.

Bei der **Ambiguierung durch orthografische Varianten** entsteht ein semantisches Spannungsverhältnis, das eine Irritation, ein intensives Reflektieren und einen Amüsiereffekt seitens des Rezipienten herbeiführt. Auch die Deutungsfreiheit für eine Aussage ist hier gegeben – zumindest soweit der ambige Ausdruck nicht schriftlich präsentiert wird (hierdurch würde eine der Varianten nahegelegt). All diese Effekte bewirken zudem wiederum eine bessere Memorisierbarkeit und ein Verschleiern des manipulatorischen Werbecharakters.

In Anlehnung an Hemmi (1994: 136) ist davon auszugehen, dass **Häufungen von Ambiguitäten** den Rezipienten dazu anspornen sollen, den betreffenden Text weiterzuverfolgen. Denn nachdem er einmal eine gewisse Ansammlung von Sprachspielen im Text erkannt hat, erwartet er, durch Weiterhören oder Weiterlesen noch mehrere Spiele dieser Art zu entdecken. Im Übrigen kann die Häufung von Mehrdeutigkeiten den amüsanten Charakter der Werbung steigern und den Werbenden dadurch besonders kreativ, sprachgewandt und gelehrt erscheinen lassen (Dittgen 1989: 88).

Auf ähnliche Weise wie bei der Häufung von Mehrdeutigkeiten dürfte eine bestimmte Erwartungshaltung auch aufgebaut werden, wenn derselbe Anbieter **in unterschiedlichen Werbungen ein immer gleiches Sprachspiel-Schema** verwendet. Das wiederholte Arbeiten mit derselben Ambiguierungs-Technik soll beim Rezipienten einen Wiedererkennungseffekt auslösen und eine Erwartung nähren, von dem betreffenden Unternehmen immer wieder neue gleichartige Spiele geboten zu bekommen. Wirkt das jeweilige Muster auf den Leser oder Zuschauer gefällig, so kann davon ausgegangen werden, dass er auch künftige Anzeigen aufmerksam lesen wird, die mit demselben Schema arbeiten. Zugleich ist anzunehmen, dass ein wiederholtes Sprachspiel in verschiedenen Werbungen desselben Anbieters auch den positiven Eindruck besonderer, weil kontinuierlicher, Kreativität des Werbenden erweckt. Der Rezipient erlebt also ein intellektuelles Vergnügen, und die Wiederholung bewirkt im Idealfall eine erhöhte Einprägsamkeit von Werbungen des betreffenden Anbieters. Auf lange Sicht allerdings kann ein Werbender durch zu häufige Verwendung von zu ähnlichen Sprachspielen auch die Gefahr laufen, langweilig auf das Publikum zu wirken (Dittgen 1989: 169); dies kann dem Ziel, Aufmerksamkeit zu erregen, zuwiderlaufen. (Ein Problem, das im Übrigen langfristig auch das Spiel der Ambiguierung allgemein betrifft, worauf zum Schluss des vorliegenden Buchs noch eingegangen werden soll.)

Zusammenfassend ist festzustellen, dass eine intellektuelle Belustigung als werbekommunikativer Effekt für die meisten hier angesprochenen sprachlich-rhetorischen Techniken der Ambiguierung auszumachen ist. Ebenfalls überwiegend folgen aus ihr als Wirkungen die bessere Einprägsamkeit sowie das Verschleiern persuasiver Absichten; hinzu kommen in den meisten Fällen ein Aufmerkeffekt sowie ein Anstoß zur gedanklichen Reflexion über die betreffende Werbung.

# *Teil D: Fazit*

## 10 Resümee und Ausblick

Die vorliegende Abhandlung hat sich detailliert mit den vielfältigen Facetten und den Vorzügen der Ambiguierung in der Werbesprache befasst. Wie gezeigt wurde, besteht die Technik der Ambiguierung im bewussten Offenhalten bzw. Eröffnen mehrerer Bedeutungen eines Ausdrucks. Dies geschieht entweder durch das Fehlen eines eindeutigen Referenzpunktes im jeweiligen Kontext oder dadurch, dass der Kontext – bestehend aus den Faktoren Text, ggf. Bild, Produktzusammenhang und Umstände der Werbepräsentation – zusätzliche Bedeutungen eines Ausdrucks im Sprachbewusstsein des Rezipienten evoziert, die ansonsten nicht aktiviert würden. Ambiguierung kann sich auf unterschiedlichen syntaktischen Ebenen abspielen – von der Ebene des Simplex über diejenige des Kompositums bis hin zu (satzgliedwertigen oder satzwertigen) Lexemgruppen.

Es ist zu unterscheiden zwischen scheinbarer Ambiguität, bei der während des Rezipierens einer Anzeige oder eines Spots die Mehrdeutigkeit vollständig aufgelöst wird und letztendlich nur eine Bedeutungsvariante gültig bleibt, und kontextgestützter Ambiguität, bei der eine Mehrdeutigkeit im Gesamtkontext der Werbung aufrechterhalten bleibt, indem mehrere Bedeutungen im Text- und/oder Produktzusammenhang passend sind. Weiterhin sind die Ambiguierung durch Polysemie und die Ambiguierung durch offene Referenz voneinander zu trennen: Während erstere mit einem Ausdruck spielt, der eine linguistisch ermittelbare feste Zahl an Bedeutungsvarianten besitzt, findet bei offener Referenz ein Spiel mit unkonkreten Ausdrücken statt, die grundverschiedene Situationsrahmen ins Bewusstsein rufen.

Bei Polysemie können die verschiedenen Bedeutungen des betreffenden Ausdrucks allesamt auf der wörtlichen Bedeutungsebene angesiedelt sein oder sich auf die wörtliche und die übertragene Ebene erstrecken. Ist Letzteres der Fall, kann unterschieden werden, in welchem Dominanzverhältnis die Bedeutungsebenen stehen: Falls im jeweiligen Kontext (im vorliegenden Zusammenhang ist damit der Gesamtkontext einer Werbung gemeint) ausschließlich die übertragene Lesart gemeint ist und die wörtliche lediglich durch bestimmte Signale (vor allem durch das Visual) im Bewusstsein des Rezipienten aktiviert wird, so liegt Motivierung vor. Stellt sich hingegen bei einem Ausdruck mit figurativer bzw. idiomatischer Lesart im Kontext nur dessen wörtliche Bedeutung als korrekt heraus, so handelt es sich um Wörtlichnehmen; im Falle eines Phraseologismus und zuweilen auch eines Lexems nimmt der Rezipient den Ausdruck dabei primär in übertragener Bedeutung wahr, da sie in diesem Fall im Sprachbewusstsein vorrangig lexikalisiert ist. Sind beide Bedeutungsebenen im Kontext passend, so ist Polysemantisierung gegeben. Als Sonderfall des Wörtlichnehmens und der Polysemantisierung kann die Literalisierung betrachtet werden, bei der eine Komponente eines Phraseologismus zwar im Kontext einen wörtlichen Sinn annimmt, darin jedoch von ihrer ursprünglichen wörtlichen Bedeutung abweicht, aus der dieser Phraseologismus entstand.

Es wurde gezeigt, dass das Spiel mit Mehrdeutigkeit eine Vielzahl an kommunikativen Funktionen in der Werbesprache erfüllt. So kann die Ambiguität sprachlicher Ausdrücke dabei behilflich sein, eine Werbeanzeige oder einen Werbespot auffällig wirken zu lassen; darüber hinaus vermag ein auf diese Art humoristischer Sprachstil dem Rezipienten ein unterhaltsames Erlebnis bei der Wahrnehmung zu bescheren, das er fortan eventuell mit dem Anbieter sowie dem Produkt bzw. der Dienstleistung assoziiert. Der Anbieter hebt damit seine Werbung aus der Masse der heutzutage publizierten Werbeanzeigen und -spots hervor. Zugleich gelingt es ihm auf diesem Weg, sich ins Gedächtnis des Rezipienten besser einzuprägen – auch deshalb, weil eine spontane sprachliche Irritation, wie sie durch ein Spiel mit Ambiguität entstehen kann, den Rezipienten zu einem längeren Nachdenken über die betreffende Werbung anregt. Des Weiteren kann das Sprachspiel der Ambiguierung den Rezipienten vom Bewusstsein darüber ablenken, dass er es bei der Werbung mit einer Textgattung zu tun hat, die ihn in seiner Entscheidung einengen und manipulieren will. Es zeigt sich mithin, dass das Spiel mit Ambiguitäten für die Werbung zahlreiche Schlüsselfunktionen übernimmt.

Eine bestimmte Erwartungshaltung ist dafür ausschlaggebend, dass die Irritation, die ein Spiel mit Mehrdeutigkeit bewirkt, den Rezipienten (grundsätzlich) nicht abschreckt: Er weiß, dass er bei der Textsorte Werbung mit sprachlichen Überraschungen und scheinbaren Widersinnigkeiten zu rechnen hat, und geht dennoch davon aus, dass der Werbende an einer erfolgreichen Kommunikation mit dem Rezipienten interessiert und auch dazu fähig ist. (Auf das dennoch vorhandene Restrisiko des Sprachspiels, abstoßend zu wirken, soll am Schluss dieses Kapitels eingegangen werden.) Allerdings muss das Spiel mit Ambiguität letztendlich intendiert wirken, d. h. es darf nicht den Eindruck erwecken, nur eine sprachliche Fahrlässigkeit, also ein Versehen zu sein.

Die Funktionen, Aufmerksamkeit zu erregen und für Einprägsamkeit zu sorgen, sind für die Werbung umso notwendiger, als sie eine Textsorte darstellt, die normalerweise eher unfreiwillig und beiläufig wahrgenommen wird – und die traditionell eher ein ungünstiges Image besitzt, da sich der Konsument von ihr belästigt und überhäuft fühlt. Ein weiteres wichtiges Argument für eine möglichst aufmerksamkeitssteigernde Werbung ist, dass die rationalen Qualitätsunterschiede von Produkten in den vergangenen Jahrzehnten immer geringer geworden sind. Diese Entwicklung erfordert, dass sich der Werbende ersatzweise auf emotionaler Ebene profiliert: mit einer auffälligen, unterhaltsamen Präsentation, etwa durch Sprachspiele.

Der Vergleich zwischen den Rahmenbedingungen für Werbeanzeigen und Fernsehwerbespots macht deutlich, dass zwar die gedruckte Werbung kognitiv anspruchsvolle Sprachspiele wie jenes der Ambiguierung insgesamt besser präsentieren kann als die Werbung im Fernsehen – dass jedoch Inserate in Print-Medien vermutlich eher die Gefahr laufen, gänzlich ignoriert zu werden, als Werbespots im Fernsehen. Eine Anzeigenwerbung bietet einerseits die technischen Vorteile, dass der Rezipient die Wahrnehmungsgeschwindigkeit individuell steuern und bei Bedarf das Rezipieren einer bestimmten Textstelle wiederholen, also zurücklesen kann. Zudem wirken Fernsehwerbespots aufgrund ihrer Menge sowie ihrer häufigen Eigenschaft, Programmbeiträge zu unterbrechen, auf die breite Masse störender. Während das Medium Fernsehen oftmals als beiläufig wahrgenommene Begleitung zu anderen Tätigkeiten oder als Mittel zur geistigen Entspannung und Zerstreuung dient, kommt einer Zeitschrift im Allgemeinen eine höhere Aufmerksamkeit des Rezipienten zu. Dies ist umso bedeutsamer, als Ambiguierung eine starke kognitive Beteiligung des Rezipienten verlangt, um von ihm klar erkannt und entschlüsselt zu werden. Andererseits können Anzeigen leicht überblättert und damit völlig außer Acht gelassen werden, während die Fernsehwerbung selbst am wenig interessierten Zuschauer nur in seltenen Fällen völlig spurlos vorbeigehen dürfte. Im Zeitalter der Übersättigung mit gedruckter und gesendeter Reklame sowie des Stresses, der Schnelllebigkeit und der Reizüberflutung ist außerdem zu befürchten, dass viele Rezipienten kaum noch bereit sind, allzu große geistige Leistungen in den Medienkonsum und speziell ins Entschlüsseln von Werbung zu investieren. Anzeigen, die ein aktiveres Mitwirken des Rezipienten erfordern als Spots, aber auch gedruckte Medien generell sehen sich daher vermutlich stärker einem Schwund an Konsumenten ausgesetzt als das Fernsehen und seine Werbung. Eine besonders augenfällige Präsentation scheint daher heute für Print-Werbung essenziell, um überhaupt ausreichend wahrgenommen zu werden.

Die für dieses Buch vorgenommene empirische Untersuchung zeigt, dass sowohl beim Zusammenwirken der verschiedenen makrotextuellen Faktoren, die in der Werbung eine sprachliche Mehrdeutigkeit auslösen können, als auch bei den sprachlich-rhetorischen

Mitteln, die zur Ambiguierung im Text eingesetzt werden, verschiedenste Möglichkeiten bestehen.

Die einzelnen Komponenten einer Werbeanzeige oder eines Werbespots – also Text und Visual – können in unterschiedlichem Maße am Aktivieren und auch am Auflösen einer Mehrdeutigkeit beteiligt sein. Ambiguität kann sowohl allein durch den Textinhalt als auch durch den Zusammenhang zwischen Text und Visual entstehen; hierbei kann das Visual einmal eine im Gesamtkontext der Werbung zutreffende, in anderen Fällen eine nicht gemeinte Bedeutungsvariante realisieren, auch kann eine Visualdarstellung mehrere Varianten miteinander kombinieren. Am besten erfüllt ein Visual seinen werbekommunikativen Zweck dann, wenn es eine Normabweichung vornimmt – d. h. wenn es entweder eine Bedeutungsvariante darstellt, die nicht mit dem Werbekontext kompatibel ist, oder wenn die dargestellte Variante von der beim Leser bzw. Zuschauer konventionell lexikalisierten Bedeutung des betreffenden Ausdrucks abweicht. In besonderen Fällen wird eine Mehrdeutigkeit auch nur durch das Einbeziehen äußerer Umstände der Werbepräsentation bewusst gemacht: etwa durch die Platzierung einer Anzeige in einem bestimmten Themenumfeld oder durch die Präsentation eines Werbespots innerhalb eines besonderen Sende- oder Zeitgeschehens-Kontextes.

Findet innerhalb einer Werbung eine Disambiguierung statt bzw. wird eine Bedeutungsvariante inaktiviert, so geschieht dies meist durch den Textinhalt, nur in seltenen Fällen ist dafür allein der Produktzusammenhang ausschlaggebend.

Die sprachlichen oder rhetorischen Mittel, mit denen Ambiguierung erzeugt werden kann, reichen von einem elliptischen Satzbau über das Spiel mit einer scheinbar abwertenden Werbeaussage bis hin zur Häufung ambiger Ausdrücke innerhalb derselben Werbung. Überwiegend erfüllen diese Techniken die Ziele der Belustigung, der Unterhaltsamkeit und infolgedessen der Einprägsamkeit sowie des Vertuschens persuasiver Absichten. Zudem bewirken die meisten Techniken eine Aufmerksamkeitssteigerung und einen Anreiz zur gedanklichen Auseinandersetzung mit der jeweiligen Werbung.

In Anbetracht ihres zulässigen Umfangs musste die Analyse freilich auf manchen interessanten Untersuchungsgegenstand verzichten. So konnte sie nur die Print- und die Fernsehwerbung betrachten; ein umfassenderer Vergleich unter Einbeziehung von Rundfunk-, Plakat- und Internet-Werbung musste unterbleiben (hierdurch hätten evtl. weitere Unterschiede in den Rahmenbedingungen verschiedener Werbemedien speziell für Sprachspiele ermittelt werden können). Innerhalb des gegebenen Rahmens ebenfalls nicht möglich war eine Analyse der historischen Entwicklung des Ambiguierungs-Spiels in der Werbesprache. Auch wurde weitgehend auf eine quantitative Auswertung der einzelnen Ambiguierungsverfahren verzichtet, des Weiteren auf eine nach den verschiedenen Elementen des Werbetextes (d. h. Schlagzeile, Fließtext und Slogan) getrennte Untersuchung. All diese Aspekte müssen größer angelegten Untersuchungen vorbehalten bleiben. Ein weiterer interessanter Untersuchungsgegenstand wäre im Übrigen das Spiel mit Mehrdeutigkeit in einer anderen Form der Werbung: der politischen Werbung etwa im Wahlkampf. Hier wäre unter anderem auch der generellen Frage nachzugehen, ob zwischen den deutschen Parteien signifikante Unterschiede in der Nutzungshäufigkeit von Sprachspielen bestehen und deren Beliebtheit insofern an eine bestimmte geistige Mentalität und Weltanschauung gebunden ist.

Abschließend soll im Folgenden auf einige Risiken eingegangen werden, denen das Spiel mit sprachlicher Mehrdeutigkeit in der Werbung ausgesetzt ist – ein Aspekt, der in der einschlägigen Literatur vielfach zu kurz kommt. Hiermit verbunden ist ein Ausblick auf die Zukunft dieses Phänomens in der Werbesprache.

Wie erwähnt, liegt eine Grundvoraussetzung für das Gelingen des Spiels mit Mehrdeutigkeit darin, dass die Ambiguität eines Ausdrucks als intendiert erkannt wird. Der Eindruck, die Mehrdeutigkeit sei nur versehentlich entstanden, lässt den Werbenden unprofessionell wirken und gefährdet die erfolgreiche Werbekommunikation (Sauer 1998: 227). Jedoch ist selbst ein intendiertes Sprachrätsel nicht frei von Risiken: Mit ihm verbunden ist generell die Gefahr der geistigen Überforderung. So können die grundsätzlich erwünschten Effekte eines Sprachspiels (wie etwa der Ambiguierung), den Rezipienten zur gedanklichen Auseinandersetzung mit dem rätselhaften Ausdruck anzuregen, auch zum „Vampireffekt" ausarten: Ein intellektuell zu anspruchsvolles sprachliches Rätsel läuft Gefahr, zu stark von der eigentlichen Werbebotschaft abzulenken, das Lösen dieses Rätsels kann zum Selbstzweck werden (Bahramnia 2002: 120; Janich 2001: 147). Ebenso kann eine zu starke Verdunkelung der Überredungsabsicht bewirken, dass der Rezipient sich nicht dazu angetrieben fühlt, auf die Werbung letztendlich mit einer Kaufhandlung zu reagieren (Sauer 1998: 232). Die vom Sprachspiel – etwa der Ambiguierung – wahrgenommene Funktion der Ablenkung und Verschleierung besitzt somit in extremen Fällen auch eine Kehrseite.

Darüber hinaus besteht – umso mehr angesichts der heutigen Informationsüberlastung – die Gefahr, dass zu komplexe Sprachmittel den Rezipienten gänzlich abstoßen, da er seine Wahrnehmung selektiv ausrichtet, um sich nicht mit unwichtigen oder unverständlichen Dingen zu belasten. Eine solche Reaktion kann dazu führen, dass der Rezipient den Kontakt zu der betreffenden Werbung vorzeitig abbricht, ohne die Botschaft verstanden zu haben (Sauer 1998: 225). Nicht zuletzt geht mit der Schnelllebigkeit der Unterhaltungsgesellschaft (siehe Punkt 5.4) die Gefahr einer zunehmenden Oberflächlichkeit einher. Dies kann letztendlich sogar zur Folge haben, dass früher oder später selbst unterhaltsame Sprachspiele – vor allem in der flüchtigen Fernsehwerbung, die kein langes Reflektieren erlaubt – für die Aufmerksamkeit des Rezipienten zu anspruchsvoll werden.

Andererseits darf die Werbesprache den Rezipienten auch nicht geistig unterfordern, da eine zu einfache sprachliche Gestaltung nicht zum Lesen oder Zuhören reizt – umso weniger, als sich der Leser oder Zuschauer dadurch in seinen geistigen Fähigkeiten unterschätzt und somit unter seiner Würde wahrgenommen fühlen kann (Sauer 1998: 225f.; Janich 2001: 147). Die Kunst des Sprachspiels in der Werbung besteht mithin darin, in dessen Komplexität einen Mittelweg zu finden.

Gelegentlich zeigt sich beim Spiel der Ambiguierung darüber hinaus die Gefahr von schiefen Sprachbildern. Wie vereinzelt anhand des hier behandelten Beispiel-Korpus zu sehen war, entsteht zuweilen durch eine semantische Umdeutung eine Aussage, die sich – zumindest bei näherem Reflektieren – als in ihrer Logik derart absurd herausstellt, dass sie unverständlich wirkt. (Hier sei nochmals auf das Beispiel der Anzeige 15 mit der Schlagzeile *Fahrrad fahren ist gut für den Kreislauf* verwiesen.)

Nicht zuletzt bringt die häufige Verwendung von Sprachspielen – so auch des Spiels mit Mehrdeutigkeiten – auf Dauer die Gefahr eines inflationären Effekts mit sich: Die unter Punkt 5.3 erläuterte Aufmerksamkeitssteigerung tritt nur so lange ein, wie das jeweilige Sprachspiel tatsächlich eine Besonderheit in der Werbung darstellt und nicht bereits zu einem gewohnten und erwarteten Phänomen geworden ist. Tritt ein bestimmtes Sprachspiel dagegen zu häufig auf, so verliert sich sein überraschender Charakter; es wird zum Phänomen, mit dem der Rezipient beim Wahrnehmen von Werbung bereits mehr oder weniger fest rechnet.[28]

[28] Nach Ansicht des Autors käme eine solche Rezeptionshaltung der Einstellung nahe, die der Hörer oder Leser eines Witzes besitzt: Laut Dittgen (1989: 43) löst der Witz eine besondere Rezeptionshaltung aus, nämlich die „Erwartung des Unerwarteten". Dies liege beim Rezipieren von Textsorten der Massenkommunikation (so auch der Werbung) nicht vor, daher sei hier bei einem Sprachspiel das Überraschungsmoment größer als beim Rezipieren eines Witzes. Dieser Befund stützt sich allerdings auf Beobachtungen aus den 1980er-Jahren. Aus Sicht des Autors dieser Abhandlung besteht heutzutage die Gefahr, dass eine Erwartungshaltung, wie Dittgen sie beschreibt, auf lange Sicht auch beim Rezipieren von Werbung aufgebaut werden kann, indem Sprachspiele dort zur Gewohnheit werden. Eine solche Erwartung ginge zu Lasten des für ein Sprachspiel wie die Ambiguierung wichtigen Überraschungseffekts.

Angesichts der zunehmenden Verwendung von Ambiguierungs-Spielen in der Werbung kann mithin an dieser Stelle die Prognose gewagt werden, dass sich der beschriebene Effekt der Aufmerksamkeitssteigerung sowie seine Folgewirkungen (Nachdenken, Memorisierung) mit der Zeit auch beim Spiel mit Mehrdeutigkeit abnutzen werden – und dass eine inflationäre Wirkung diesem Sprachspiel auf lange Sicht einiges von seiner Auffälligkeit und damit seiner Werbewirksamkeit nehmen wird. In diesem Zusammenhang möchte der Autor mit einem Zitat von Sowinski (1998: 30) schließen: „Werbung darf keine Speisekarte sein, die ihre ‚Werbeobjekte' als Standardgerichte und die täglich wechselnden Speisen in immer gleichem Rahmen anbietet. In der kaum überblickbaren Vielfalt der Werbeangebote muss der Werbende bedacht sein, seine Werbung möglichst dadurch auffällig zu machen, dass sie sich durch ihre Originalität von anderen Werbungen abhebt."

# Bibliografie

## Anzeigen-Quelle:

**Gruner + Jahr (Hg.) (2005):** Stern. Gruner + Jahr Druck- und Verlagshaus, Hamburg. Ausgaben: 01/2005, 03/2005, 07/2005, 09/2005, 11/2005, 13/2005, 15/2005, 19/2005, 21/2005, 23/2005, 25/2005, 29/2005, 31/2005, 33/2005, 35/2005, 37/2005, 39/2005, 41/2005, 43/2005, 45/2005, 47/2005, 49/2005, 51/2005.

## Sekundärliteratur:


**Bahramnia, Nazila (2002):** Präsuppositionen in der Sprache der Anzeigenwerbung. Cuvillier Verlag, Göttingen.

**Balsliemke, Petra (2001):** „Da sieht die Welt schon anders aus." Phraseologismen in der Anzeigenwerbung: Modifikation und Funktion in Text-Bild-Beziehungen. Schneider Verlag, Hohengehren (= Reihe: Phraseologie und Parömiologie; Band 7).

**Bass, Nicole (2003):** Phraseologismen und Modifikationen in der Deutschschweizer Anzeigenwerbung 1928–1998. In: Burger, Harald / Häcki Buhofer, Annelies / Gréciano, Gertrud (Hgg.): Flut von Texten – Vielfalt der Kulturen. Ascona 2001 zur Methodologie und Kulturspezifik der Phraseologie. Schneider Verlag, Hohengehren, S. 381–390 (= Reihe: Phraseologie und Parömiologie).

**Baumgart, Manuela (1992):** Die Sprache der Anzeigenwerbung. Eine linguistische Analyse aktueller Werbeslogans. Physica-Verlag, Heidelberg (= Reihe: Konsum und Verhalten; Band 37).

**Burger, Harald (2003):** Phraseologie. Eine Einführung am Beispiel des Deutschen. 2., überarbeitete Auflage. Erich Schmidt Verlag GmbH & Co., Berlin (= Reihe: Grundlagen der Germanistik; Band 36).

**Burger, Harald / Buhofer, Annelies / Sialm, Ambros (1982):** Handbuch der Phraseologie. Walter de Gruyter Verlag, Berlin / New York.

**Dittgen, Andrea Maria (1989):** Regeln für Abweichungen. Funktionale sprachspielerische Abweichungen in Zeitungsüberschriften, Werbeschlagzeilen, Werbeslogans, Wandsprüchen und Titeln. Verlag Peter Lang GmbH, Frankfurt am Main (= Reihe: Europäische Hochschulschriften: Deutsche Sprache und Literatur; Band 1160).

**Eicke, Ulrich (1991):** Die Werbelawine. Angriff auf unser Bewusstsein. Knesebeck & Schuler Verlag, München.

**Ewald, Petra (1998):** Zu den persuasiven Potenzen der Verwendung komplexer Lexeme in Texten der Produktwerbung. In: Hoffmann, Michael / Keßler, Christine (Hgg.): Beiträge zur Persuasionsforschung. Unter besonderer Berücksichtigung textlinguistischer und stilistischer Aspekte. Peter Lang GmbH Europäischer Verlag der Wissenschaften, Frankfurt am Main, S. 323–350 (= Reihe: Sprache – System und Tätigkeit; 26).

**Fleischer, Wolfgang / Barz, Irmhild / Schröder, Marianne (1995):** Wortbildung der deutschen Gegenwartssprache. 2., durchgesehene und ergänzte Auflage. Niemeyer, Tübingen.

**Gaede, Werner (1992):** Vom Wort zum Bild. Kreativ-Methoden der Visualisierung. 2., verbesserte Auflage. Langen-Müller / Herbig Verlag, München.

**Grice, Herbert Paul (1975):** Logic and Conversation. In: Cole, Peter / Morgan, Jerry L. (Hgg.): Syntax and Semantics. Seminar Press, New York, S. 41–58.

**Hegedüs-Lambert, Claudia (1995):** Leitbegriffe und Leitbilder in der Werbung. In: Baur, Rupprecht S. / Chlosta, Christoph (Hgg.): Von der Einwortmetapher zur Satzmetapher. Universitätsverlag Brockmeyer, Bochum 1995, S. 219–227 (= Reihe: Studien zur Phraseologie und Parömiologie; Band 6).

**Hemmi, Andrea (1994):** „Es muss wirksam werben, wer nicht will verderben". Kontrastive Analyse von Phraseologismen in Anzeigen-, Radio- und Fernsehwerbung. Peter Lang AG, Europäischer Verlag der Wissenschaften, Bern / Berlin / Frankfurt (M.) / New York / Paris / Wien (= Reihe: Zürcher germanistische Studien; Band 41).

**Huth, Rupert / Pflaum, Dieter (2005):** Einführung in die Werbelehre. 7., überarbeitete Auflage. W. Kohlhammer GmbH, Stuttgart/Berlin/Köln.

**Janich, Nina (2001):** Werbesprache: ein Arbeitsbuch. 2., vollständig überarbeitete Auflage. Gunter Narr Verlag, Tübingen.

**Klotz, Volker (1975):** Slogans. In: Nusser, Peter (Hg.): Anzeigenwerbung. Ein Reader für Studenten und Lehrer der deutschen Sprache und Literatur. Wilhelm Fink Verlag, München, S. 96– 104 (= Reihe: Kritische Information; Band 34).

**Kroeber-Riel, Werner / Weinberg, Peter (2003):** Konsumentenverhalten. 8., aktualisierte und ergänzte Auflage. Vahlen Verlag, München.

**Kroeber-Riel, Werner / Esch, Franz Rudolf (2004):** Strategie und Technik der Werbung. Verhaltenswissenschaftliche Ansätze. 6., überarbeitete und erweiterte Auflage. Kohlhammer Verlag, Stuttgart.

**Lange, Meinolf (1998):** Die Verwendung sprachlicher Vorlagen in der Anzeigenwerbung. In: Hartmann, Dietrich (Hg.): „Das geht auf keine Kuhhaut" – Arbeitsfelder der Phraseologie. Brockmeyer Verlag, Bochum, S. 169–198 (= Reihe: Studien zur Phraseologie und Parömiologie, Band 16).

**Möckelmann, Jochen / Zander, Sönke (1975):** Form und Funktionen der Werbeslogans. Untersuchung der Sprache und werbepsychologischen Methoden in den Slogans. Verlag Alfred Kümmerle, Göppingen (= Reihe: Göppinger Arbeiten zur Germanistik; Band 26).

**Palm, Christine (1997):** Phraseologie. Eine Einführung. 2., durchgesehene Auflage. Gunter Narr Verlag, Tübingen.

**Römer, Ruth (1976):** Die Sprache der Anzeigenwerbung. 5. Auflage. Pädagogischer Verlag Schwann, Düsseldorf (= Reihe: Sprache der Gegenwart – Schriften des Instituts für deutsche Sprache; Band IV).

**Sabban, Annette (1998):** „Fühlen Sie sich nur nicht angesprochen!“ Inszenierte Negativität in der Werbung. In: Wirrer, Jan (Hg.): Phraseologismen in Text und Kontext. Phrasemata I. Aisthesis, Bielefeld, S. 73–95 (= Reihe: Bielefelder Schriften zu Linguistik und Literaturwissenschaft; Band 11).

**Sauer, Nicole (1998):** Werbung – wenn Worte wirken. Ein Konzept der Perlokution, entwickelt an Werbeanzeigen. Waxmann Verlag GmbH, Münster (= Reihe: Internationale Hochschulschriften; Band 274).

**Schürmann, Uwe (1993):** Erfolgsfaktoren der Werbung im Produktlebenszyklus. Ein Beitrag zur Werbewirkungsforschung. Verlag Peter Lang GmbH, Frankfurt am Main 1993 (= Reihe: Schriften zu Marketing und Management; Band 19).

**Sowinski, Bernhard (1998):** Werbung. Niemeyer Verlag, Tübingen (= Reihe: Grundlagen der Medienkommunikation; Band 4).

**Spang, Kurt (1987):** Grundlagen der Literatur- und Werberhetorik. Edition Reichenberger, Kassel (= Reihe: Problema Semiotica; Band 11).

**Stöckl, Hartmut (1997):** Werbung in Wort und Bild. Textstil und Semiotik englischsprachiger Anzeigenwerbung. Peter Lang GmbH Europäischer Verlag der Wissenschaften, Frankfurt am Main (= Reihe: Europäische Hochschulschriften: Angelsächsische Sprache und Literatur; Band 336).

**Wehner, Christa (1996):** Überzeugungsstrategien in der Werbung. Eine Längsschnittanalyse von Zeitschriftenanzeigen des 20. Jahrhunderts. Westdeutscher Verlag GmbH, Opladen (= Reihe: Studien zur Kommunikationswissenschaft; Band 14).

## Nachschlagewerke:

**Bußmann, Hadumod (2002):** Lexikon der Sprachwissenschaft. Dritte, aktualisierte und erweiterte Auflage. Alfred Kröner Verlag, Stuttgart.

**Duden Bedeutungswörterbuch (2002) = Bibliographisches Institut & F. A. Brockhaus AG Mannheim / Dudenredaktion:** Duden – Das Bedeutungswörterbuch. 3., neu bearbeitete und erweiterte Auflage. Red. Bearb.: Birgit Eickhoff (= Reihe: Der Duden; Band 10).

**Duden Redewendungen (2002) = Bibliographisches Institut & F. A. Brockhaus AG Mannheim / Dudenredaktion:** Duden Redewendungen. Wörterbuch der deutschen Idiomatik. 2., neu bearbeitete und aktualisierte Auflage. Red. Bearb.: Brigitte Alsleben (= Reihe: Der Duden; Band 11).

**Röhrich, Lutz (2001):** Lexikon der sprichwörtlichen Redensarten. Fünfte Auflage. Herder Verlag, Freiburg.

# *Anhang:*
# *Analysierte Werbeanzeigen*

Im Anhang sind sämtliche Werbeanzeigen aus der Zeitschrift „Stern" aufgeführt, die im vorliegenden Buch behandelt wurden. Die Anzeigen sind nach der im Text vorgenommenen Nummerierung geordnet. Jede Anzeige ist mit Angaben zum werbenden Unternehmen sowie mit einem Quellennachweis versehen, der über das Erscheinungsjahr (2005, erste Zahl), die Ausgaben-Nummer der Zeitschrift (zweite Zahl) und die Seitennummer (dritte Zahl) informiert.

wirtschaft

# Aufs Geld geschaut

WAS VERBRAUCHER WISSEN SOLLTEN

WOHNEIGENTUM

## Hauserwerb mit Haken

Jetzt mieten, später kaufen – **IMMOBILIENBESITZER** per Kombi-Angebot zu werden dauert lange und kostet viel

Schuldenfrei ins Eigenheim? Unmöglich für fast jeden, der nicht gerade eine Erbschaft gemacht oder im Lotto gewonnen hat. Trotzdem werben findige Verkäufer mit diesem Spruch. Die Immobilienseiten der Tageszeitungen sind voller Verheißungen, wie man ohne Bank vor Jahresende noch schnell Immobilienbesitzer werden kann. Dass die Eigenheimzulage nur noch in diesem Jahr zu haben ist, wirkt dabei als Anreiz. Vor allem junge Familien – mit Kindern, aber ohne Erspartes – und Selbstständige ohne Chance auf Kredit werden umworben.

„Mietkauf" heißt das Zauberwort. Die Idee dahinter: Käufer und Verkäufer schließen einen Miet- und einen Kaufvertrag ab. Der Käufer zieht erst mal zur Miete ein und verpflichtet sich, die Immobilie in 10 oder spätestens 20 Jahren zu erwerben. Der Preis wird ebenfalls festgelegt. Ein Teil der gezahlten Miete wird auf den künftigen Kaufpreis angerechnet. Klingt günstig, ist es aber nicht, denn zusätzlich



42,6 Prozent der Bundesbürger wohnen in den eigenen vier Wänden im Saarland erheblich mehr als in Berlin

Alle Angaben in Prozent der Bevölkerung
Quelle: Statistisches Bundesamt



*Volkswagen Bank direct; Stern 2005/51/206* (01/A)

*Südwestbank; Stern 2005/25/IIIB3* (02/A)

*Joker Jeans; Stern 2005/29/6* (03/A)

*Volkswagen Bank direct; Stern 2005/01/127* (04/A)

*Deutsche Steinkohle; Stern 2005/23/77* (05/A)

*Gala; Stern 2005/25/156* (06/A)

*Peugeot 407; Stern 2005/23/43* (09/A)

*Siemens Gigaset Handys; Stern 2005/49/IIIB1* (10/A)

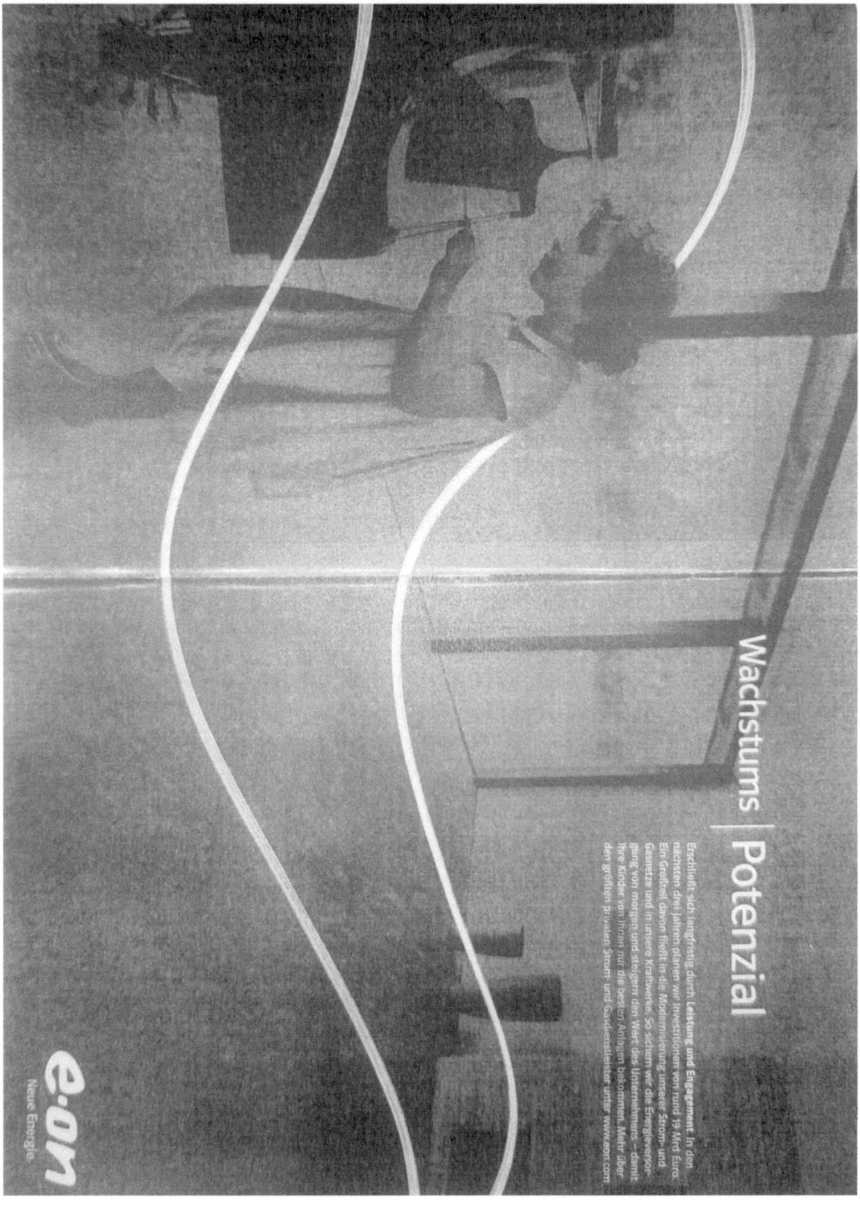


*e-on; Stern 2005/31/54f.* (11/A)

*Börse Online; Stern 2005/19/135* (12/A)

*Frankfurter Rundschau; Stern 2005/43/213* (13/A)

*Allianz PrivatRente; Stern 2005/47/101* (14/A)

*Renault Modus und Fahrradträger Velofix; Stern 2005/09/88f.* (15/A)

*Schildknecht Einrichtungen; Stern 2005/41/146* (16/A)

*Sharp Solar; Stern 2005/11/195* (17/A)

*Siemens Gigaset Handys; Stern 2005/49/IIIB1* (23/A)

*Fleurop Muttertagssträuße; Stern 2005/19/157* (24/A)

*N24; Stern 2005/37/168* (26/A)

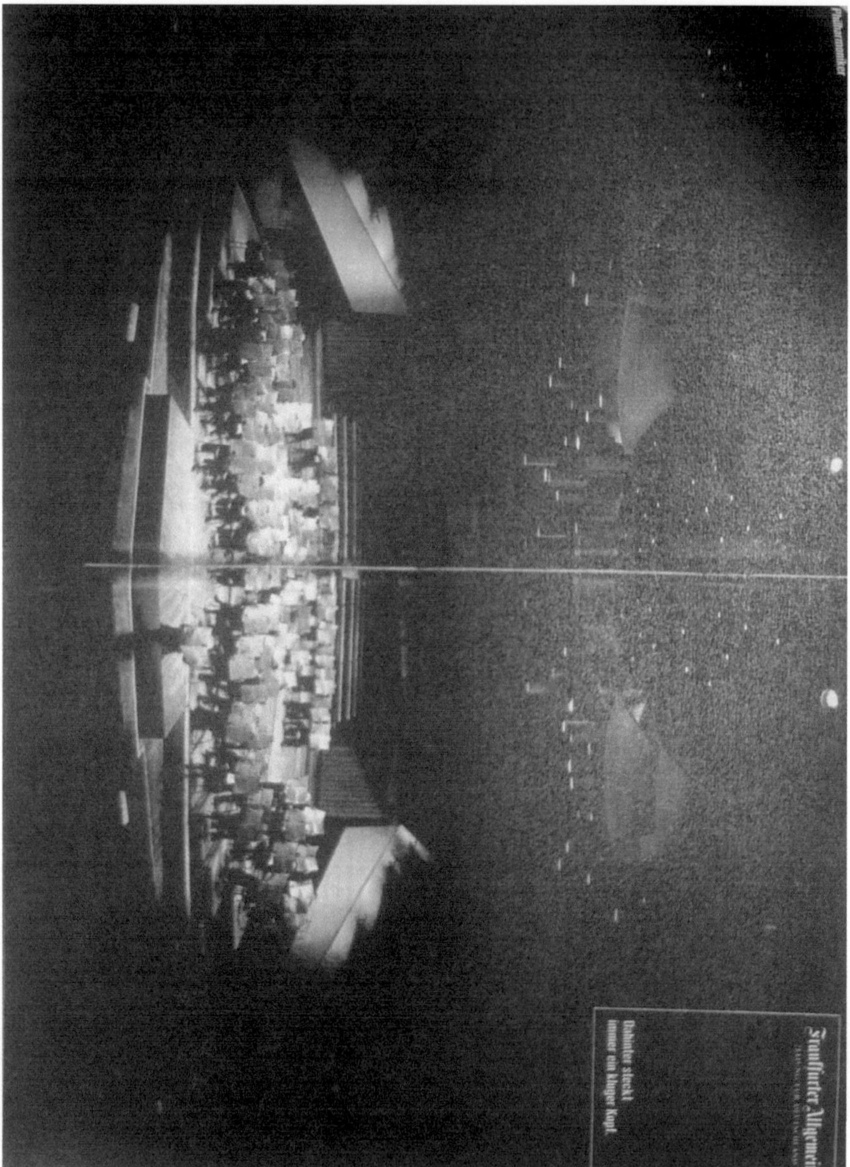


*Frankfurter Allgemeine Zeitung; Stern 2005/03/44f.* (27/A)

*Bertolli La Bruscetteria; Stern 2005/35/4* (28/A)

*Philips Smart Touch-XL Rasierer; Stern 2005/47/173* (29/A)

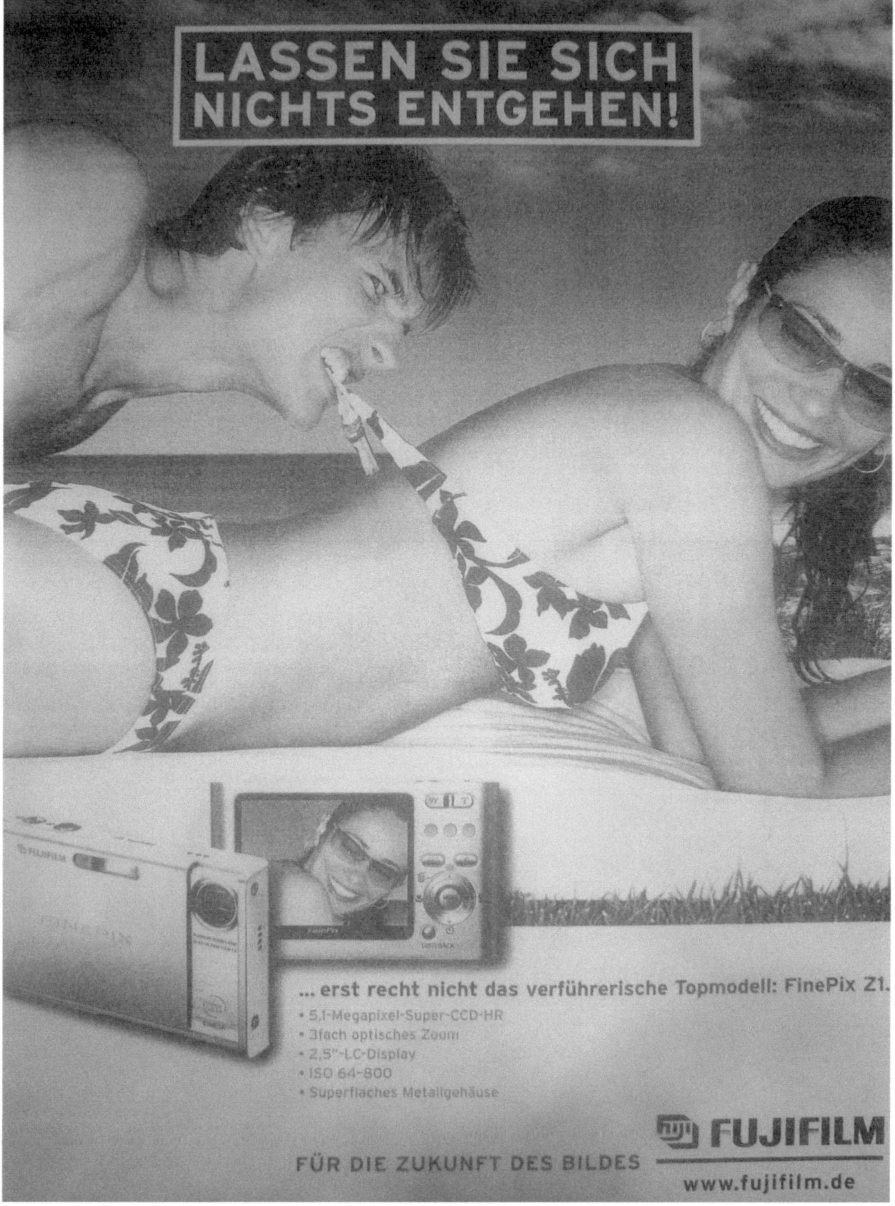


*Fujifilm Digitalkamera; Stern 2005/25/47* (32/A)

*CMA, Geflügel; Stern 2005/01/115* (33/A)

*Allianz PrivatRente; Stern 2005/23/71* (34/A)

*Baden-Württembergische Bank; Stern 2005/39/101f.* (36/A)

*BP; Stern 2005/45/2* (37/A)

*Hapag-Lloyd Express; Stern 2005/15/203* (38/A)

*DWS Fonds; Stern 2005/13/93* (39/A)

*Audi Quattro; Stern 2005/11/108* (42/A)

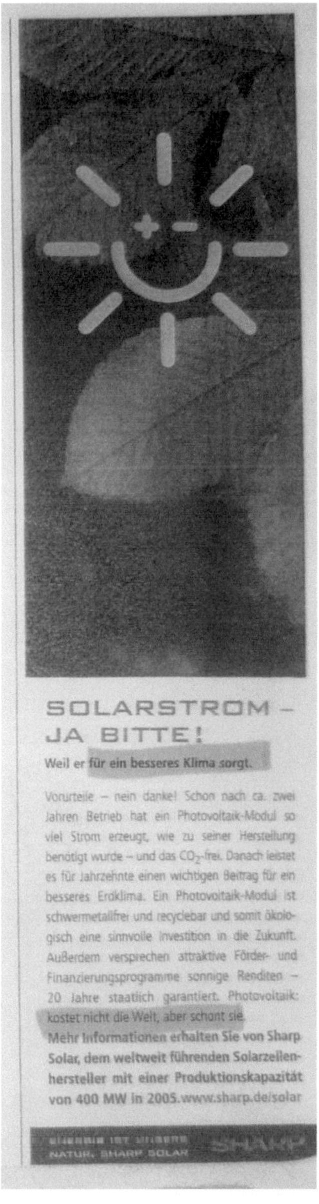


*Sharp Solar; Stern 2005/31/147* (43/A)

*Euromaster Reifenservice; Stern 2005/15/184* (44/A)

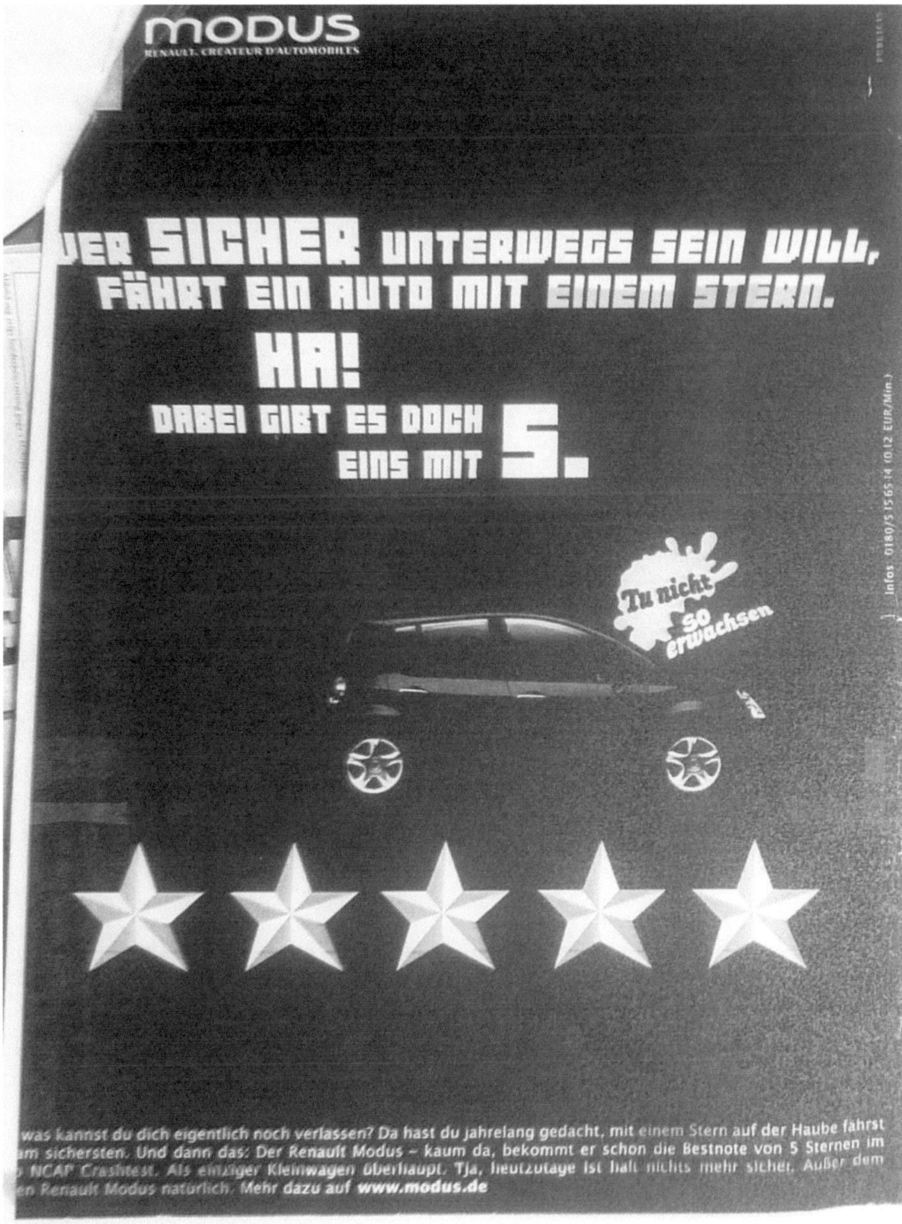


*Renault Modus; Stern 2005/21/2* (45/A)

*Mazda6 Sport Kombi; Stern 2005/07/183* (46/A)

*CMA; Stern 2005/15/162f.* (47/A)

*T-Online Flatrate; Stern 2005/49/41* (48/A)

*Lexus IS; Stern 2005/49/14* (49/A)

*Vodafone CallYa-OpenEnd; Stern 2005/41/239,241* (50/A)

*Impulse – Das Unternehmermagazin; Stern 2005/35/138* (51/A)

*Vattenfall; Stern 2005/49/57 (55/A)*

*Kabel 1, „Emergency Room" und „Friends"; Stern 2005/03/88* (56/A)

*GEOsaison; Stern 2005/37/79* (57/A)

*Busse & Bahnen; Stern 2005/33/97* (58/A)

*N24; Stern 2005/23/151* (59/A)

*Frankfurter Allgemeine Zeitung; Stern 2005/ 27/48f.* (60/A)

*Frankfurter Allgemeine Zeitung; Stern 2005/41/188f.* (61/A)

*Schladerer Himbeergeist; Stern-Journal 2005/49/13* (62/A)

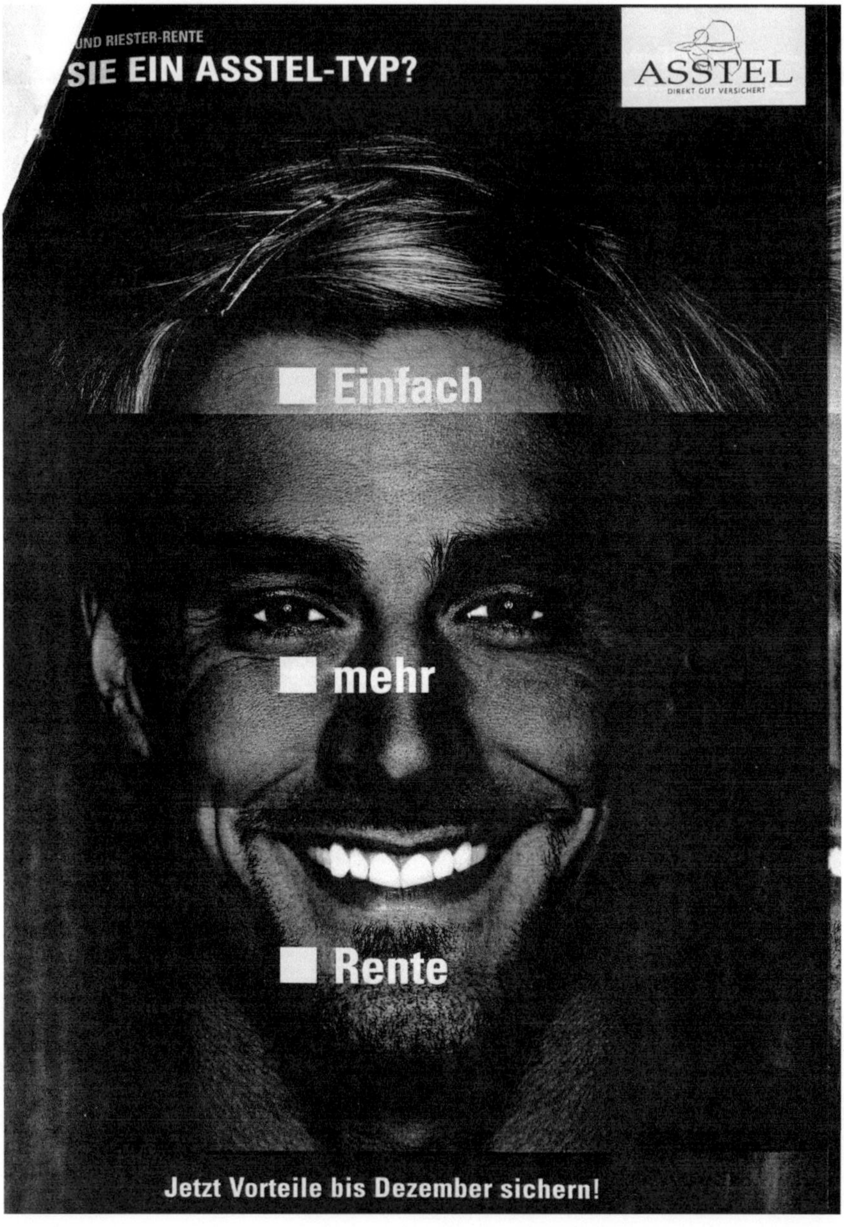


*Asstel-Versicherung; Stern 2005/43/3* (63/A)

*Hewlett Packard Farbdrucker; Stern 2005/43/59* (64/A)